# Nunca é o Suficiente
# Nunca é o Suficiente
# Nunca é o Suficiente

Judith Grisel  Neurocientista renomada e adicta em recuperação

# Nunca é o Suficiente
# Nunca é o Suficiente
# Nunca é o Suficiente

A Neurociência e a
Experiência do Vício

Rio de Janeiro, 2022

## Nunca É o Suficiente

Copyright © 2022 da Starlin Alta Editora e Consultoria Eireli.
ISBN: 978-85-508-1397-4

*Translated from original Never enough : the neuroscience and experience of addiction. Copyright © 2019 by Judith Grisel. ISBN 9780385542845. This translation is published and sold by Doubleday, a division of Penguin Random House LLC, the owner of all rights to publish and sell the same. PORTUGUESE language edition published by Starlin Alta Editora e Consultoria Eireli, Copyright © 2022 by Starlin Alta Editora e Consultoria Eireli.*

Impresso no Brasil — 1ª Edição, 2022 — Edição revisada conforme o Acordo Ortográfico da Língua Portuguesa de 2009.

Todos os direitos estão reservados e protegidos por Lei. Nenhuma parte deste livro, sem autorização prévia por escrito da editora, poderá ser reproduzida ou transmitida. A violação dos Direitos Autorais é crime estabelecido na Lei nº 9.610/98 e com punição de acordo com o artigo 184 do Código Penal.

A editora não se responsabiliza pelo conteúdo da obra, formulada exclusivamente pelo(s) autor(es).

**Marcas Registradas:** Todos os termos mencionados e reconhecidos como Marca Registrada e/ou Comercial são de responsabilidade de seus proprietários. A editora informa não estar associada a nenhum produto e/ou fornecedor apresentado no livro.

**Erratas e arquivos de apoio:** No site da editora relatamos, com a devida correção, qualquer erro encontrado em nossos livros, bem como disponibilizamos arquivos de apoio se aplicáveis à obra em questão.

Acesse o site www.altabooks.com.br e procure pelo título do livro desejado para ter acesso às erratas, aos arquivos de apoio e/ou a outros conteúdos aplicáveis à obra.

**Suporte Técnico:** A obra é comercializada na forma em que está, sem direito a suporte técnico ou orientação pessoal/exclusiva ao leitor.

A editora não se responsabiliza pela manutenção, atualização e idioma dos sites referidos pelos autores nesta obra.

```
Dados Internacionais de Catalogação na Publicação (CIP) de acordo com ISBD

G869n    Grisel, Judith
            Nunca é o suficiente: a neurociência e a experiência do vício /
         Judith Grisel ; traduzido por Carlos Bacci. – Rio de Janeiro : Alta
         Books, 2022.
            256 p. ; 16cm x 23cm.

            Tradução: Never enough
            Inclui índice.
            ISBN: 978-85-508-1397-4

            1. Toxicodependência. 2. Abuso de substâncias - Aspectos
         psicológicos. I. Bacci, Carlos. II. Título.

2022-1182                                           CDD 362.29
                                                    CDU 364.272

         Elaborado por Odílio Hilario Moreira Junior - CRB-8/9949

                  Índice para catálogo sistemático:
               1. Problemas sociais : Abuso de substâncias 362.29
               2. Problemas sociais : Abuso de substâncias 364.272
```

**Produção Editorial**
Editora Alta Books

**Diretor Editorial**
Anderson Vieira
anderson.vieira@altabooks.com.br

**Editor**
José Rugeri
j.rugeri@altabooks.com.br

**Gerência Comercial**
Claudio Lima
claudio@altabooks.com.br

**Gerência Marketing**
Andrea Guatiello
marketing@altabooks.com.br

**Coordenação Comercial**
Thiago Biaggi

**Coordenação de Eventos**
Viviane Paiva
comercial@altabooks.com.br

**Coordenação ADM/Finc.**
Solange Souza

**Direitos Autorais**
Raquel Porto
rights@altabooks.com.br

**Produtor Editorial**
Thales Silva

**Produtores Editoriais**
Illysabelle Trajano
Maria de Lourdes Borges
Paulo Gomes
Thiê Alves

**Equipe Comercial**
Adriana Baricelli
Daiana Costa
Fillipe Amorim
Heber Garcia
Kaique Luiz
Maira Conceição
Victor Hugo Morais

**Equipe Editorial**
Beatriz de Assis
Brenda Rodrigues
Caroline David
Gabriela Paiva
Henrique Waldez
Marcelli Ferreira
Mariana Portugal

**Marketing Editorial**
Jessica Nogueira
Livia Carvalho
Marcelo Santos
Pedro Guimarães
Thiago Brito

**Atuaram na edição desta obra:**

**Tradução**
Carlos Bacci

**Copidesque**
Luís Valdetaro

**Revisão Gramatical**
Gabriella Araújo
Jana Araujo

**Diagramação**
Luisa Maria Gomes

**Capa**
Marcelli Ferreira

Editora afiliada à:

Rua Viúva Cláudio, 291 – Bairro Industrial do Jacaré
CEP: 20.970-031 – Rio de Janeiro (RJ)
Tels.: (21) 3278-8069 / 3278-8419
www.altabooks.com.br — altabooks@altabooks.com.br
Ouvidoria: ouvidoria@altabooks.com.br

*Para Marty Devereaux,*
*sem cujo amor e aceitação eu provavelmente*
*não superaria meu vício nem o processo*
*de formação acadêmica*

# Sumário

✦ ✦ ✦ ✦ ✦ ✦

Sobre a Autora *x*

Agradecimentos *xi*

Introdução *xiii*

1 O Alimento do Cérebro *1*

2 Adaptação *17*

3 Um Exemplo Muito Importante: THC *33*

4 Tecelões de Sonhos: Opiáceos *45*

5 A Marreta: Álcool *63*

6 A Classe dos Depressores: Tranquilizantes *85*

7 Estimulantes *99*

8 Vendo Claramente Agora: Psicodélicos *127*

9 Uma Vontade e um Caminho: Outras Drogas Viciantes *143*

10 Por Que Eu? *163*

11 Dando uma Solução para o Vício *185*

Notas *205*

Índice *219*

# Nunca é o Suficiente

## Nunca é o Suficiente

### Nunca é o Suficiente

## Sobre a Autora

Judith Grisel é doutora em neurociência comportamental internacionalmente reconhecida e professora de psicologia na Universidade Bucknell. Sua pesquisa mais recente ajuda a explicar as diferentes nuances do abuso do álcool em homens e mulheres.

## Agradecimentos

Quero agradecer a todos aqueles que lutaram contra o consumo abusivo de substâncias químicas, em especial aos amigos em processo de recuperação que, ao compartilharem comigo suas experiências, ajudaram a pavimentar meu próprio caminho, entre os quais incluo muitas mulheres, em Boulder, Portland, Greenville e Seabrook. Sou particularmente grata a Margaret, Ginny, Sharon, Mary, Nancy, LaVerne, Henrietta, Pam, Lauren, Lindy e Genelle pelo encorajamento e apoio na aventura de meu despertar. Enquanto trilhava a vereda de luz que apontavam, era amparada pela coragem de Rita, Josie, Fran, Alita, Angela, Fannie e Anna. Agradeço também ao Wharf Rats & Phellows [um grupo de apoio], que me ajudou a curtir aquele caminho.

Meu muito obrigada a meus pais, irmãos, marido e filhos, que conhecem minhas imperfeições melhor do que ninguém e me amam assim mesmo, em particular minha mãe, cuja fé na bondade me ajudou, e ainda ajuda, no processo de mudança. Martha e David Dolge também fazem parte da família: são parte do que sou e de quem desejo me tornar.

Entre os inúmeros cientistas em cujo barco cuidadosamente construído eu navego, devo especial gratidão a David Wolgin, por me apresentar às alegrias e frustrações da pesquisa científica, a Steven Maier, por sua generosidade e inspiração, e a John Crabbe, por ser simplesmente o mais completo mentor que sou capaz de imaginar. Sem eles, não conseguiria ter ido a lugar algum. Sou grata a inúmeros neurocientistas, incluindo suas respectivas equipes, que me ajudaram a ter sucesso. Sem o apoio deles, eu não teria obtido os êxitos que consegui, como Nicolas Grahame, Jeffrey Mogil, Joanne Weinberg, Peter Kalivas e Brian McCool, bem como os diversos e excelentes estudiosos que integram o National Institute on Alcohol Abuse and Alcoholism.

Também me beneficiei das instruções da Sra. Sisolak — professora de biologia no colegial, que me levou a estudar essa disciplina — e da ênfase dada por Gene Gollin, da Universidade do Colorado, ao pensamento sistêmico. E, finalmente, sou grata a meus professores da Living School, Cynthia e Jim, e aos colegas estudantes, em especial Brent, Ed, Elizabeth, Emma, Fran, Katrina, Lee, Richard, Roy e Tom, que deram tudo de si para me ajudar a conectar uma cabeça cheia de curiosidade a uma vida de significado fora dela.

Este livro foi criando raízes profundas no encantador solo italiano de Volterra, graças em boa parte à gentileza de Marissa Roberto, Stefania del Bufalo e Giuseppe Ricci. Agradeço imensamente a Luisa e Elena por suas lições exemplares na Scuola San Lino, e às crianças por sua amizade com minha filha, em particular Mariasole, Igor e Asia, bem como a seus pais, Sylvia e Mario, e Ingrid e Georgio.

O tempo que passei nas comunidades contemplativas de Moncks Corner, Gethsemane e Snowmass foi fundamental para gestar as ideias que preenchem estas páginas, assim como as muitas horas acomodada nos chalés de Genelle, em Penns Creek.

Tenho muito a agradecer a Stephani Allen por compartilhar, nos diversos momentos de necessidade, sua visão e ação eficientes, e também aos primeiros leitores deste livro, especialmente Bill Rogers, Jane Love, Erin Hahn, Mary Fairbairn, Susan D'Amato, Marty Devereaux e Deidre O'Connor. Esses amigos e colegas identificaram nos primeiros rascunhos certas coisas que valiam a pena ser ditas, e seu incentivo me ajudou a persistir na empreitada. Quero ainda agradecer a Lena Miskulin, neurocientista com habilitação também em arte na Bucknell, por compartilhar seu talento nos desenhos que deixam o livro mais bonito.

Apesar de tudo isso, sem o trabalho experiente e compreensivo de minha agente, Ellen Geiger, equilibrando encorajamento e perspectiva exatamente nos momentos necessários, assim como a brilhante assistência de Kristine Puopolo, Daniel Meyer e a talentosa equipe da Doubleday, este livro poderia nunca ter visto a luz do sol.

## Introdução

Eu tinha 22 anos de idade. E estava "me dando bem" em uma encomenda de drogas. Nas primeiras horas de uma manhã no final de 1985, atrás de um obscuro restaurante no sul da Flórida, um traficante passou para meu amigo e eu o pacote errado. Eu estava no lado "vencedor" daquela transação, tinha muito mais droga nas mãos do que seria obrigada a repassar para um amigo de um amigo em algum lugar no Meio-Oeste norte-americano.

Meu companheiro e eu éramos sem-teto na época, então alugamos um quarto em um hotel barato em Deerfield Beach. Como era de se prever, além do que seria o nosso quinhão, usamos também o excedente. No final dessa maratona, o "suprimento" misericordiosamente esgotado, ambos exaustos e no limite, meu amigo do nada comentou que, para nós, nunca haveria cocaína que bastasse. Embora a profecia tenha me impressionado como a voz da verdade, eu sabia, mesmo no lamentável estado em que estava, que também era irrelevante. Tal como acontece com todos os viciados, meus dias de ficar realmente "doidona" eram coisa do passado. Eu era uma usuária compulsiva e visava mais escapar da realidade do que acabar com ela. Dei murros em ponta de faca por tempo suficiente para me dar conta de que nada de novo iria acontecer — exceto, talvez, em meio a uma fuga, morrer, algo que definitivamente não estava em meus planos.

Cerca de seis meses depois, graças a uma série de circunstâncias que nada tiveram a ver com discernimento pessoal ou força de caráter, eu estava limpa e sóbria pela primeira vez em anos e, portanto, não tão entorpecida. Vi que tinha uma escolha de vida ou morte. Poderia manter meu arranjo com minha doença mental, que me consumia sem dó nem piedade, ou poderia encontrar uma maneira diferente de viver.

A experiência me mostrava que muito poucos chegavam a encarar essas possibilidades de escolha de vida e, no início, estive com a maioria. O custo da abstinência parecia muito elevado: sem drogas, o que afinal haveria para se viver? No entanto, em uma demonstração de tenacidade quase que sintomática de um viciado ativo, me ocorreu que talvez fosse capaz de encontrar outro caminho. Afinal de contas, pensei, já havia passado por muitas situações difíceis: pernoitar em prédios abandonados ou delegacias de polícia, com ou sem armas carregadas, e distante de qualquer coisa amigável ou familiar. Consciente agora pela primeira vez do conceito médico de dependência, percebi que a doença que me afligia era um problema biológico passível de solução. Decidi, então, curar o vício, e com isso poderia de alguma forma eliminar os problemas causados pelo uso.

Munida com o que, para alguns, talvez possa parecer um grau excepcional de fortaleza de espírito, em especial para alguém como eu, que fora expulsa de três escolas, fui atrás de um doutorado em neurociência comportamental e consegui me tornar uma especialista em neurobiologia, química e genética de comportamento de pessoas com dependência química. Do ponto de vista da maioria dos viciados, essa conquista quase não parece digna de nota, uma vez que sabemos em primeira mão que não existe nada que não faríamos, que nenhum sacrifício seria grande demais, para poder usar a droga. Resumindo, levei sete anos para me formar na faculdade, incluindo cerca de um ano de mudanças surpreendentes em um centro de reabilitação, além de mais sete anos de pós-graduação para obter a especialização.

Este livro é um apanhado do que aprendi nos últimos vinte e poucos anos como pesquisadora que estuda a neurociência do vício. Apesar das doações que recebi da National Institutes of Health [conglomerado de centros de pesquisa biomédica que formam uma agência governamental] e ter uma licença de posse de substâncias controladas da Drug Enforcement Administration (DEA) [instituição do governo dos EUA encarregada da repressão e controle de drogas], lamento dizer que não resolvi o problema. No entanto, aprendi muito sobre como pessoas como eu são distintas umas das outras antes mesmo de entrar em contato com a droga pela primeira vez, e sobre o que as drogas causam em nossos cérebros. Minha esperança é que compartilhar esse conhecimento possa ajudar os entes queridos, cuidadores e os que elaboram políticas públicas a fazerem escolhas mais bem fundamentadas. Talvez esse conjunto de informações possa proporcionar aos afligidos uma capacidade de discernimento maior, levando-os a ajudar a si mesmos, pois está bem claro para mim que a solução não vem embutida em um comprimido.

O vício em substâncias químicas é hoje epidêmico e catastrófico. Se não somos nós próprios as vítimas, todos conhecemos alguém lutando contra uma compulsão impiedosa para experimentar a vida em outros termos, reconfigurando a função cerebral. As consequências pessoais e sociais dessa disseminação e do desejo opressivo e constante é algo quase grande demais para ser compreendido. Nos Estados Unidos, cerca de 16% da população com 12 ou mais anos se enquadra nos critérios que definem um transtorno por uso de substâncias químicas, e cerca de ¼ das mortes são atribuídas ao uso excessivo de drogas. A cada dia, 10 mil pessoas ao redor do mundo morrem em decorrência do abuso de drogas. O caminho para o túmulo é pavimentado por uma série de perdas de tirar o fôlego: de esperança, dignidade, relacionamentos, dinheiro, generatividade [termo da psicanálise que significa a preocupação em orientar as próximas gerações], família, estrutura societária e recursos da comunidade.

Em todo o mundo, o vício pode ser considerado *o* problema de saúde mais aterrador, afetando cerca de uma em cada cinco pessoas maiores de 14 anos de idade. Em termos puramente financeiros, custa cinco vezes mais do que a AIDS e o dobro do câncer. Nos Estados Unidos, isso significa que cerca de 10% de todos os gastos com cuidados de saúde vão para prevenção, diagnóstico e tratamento de adictos, e as estatísticas são similarmente assustadoras na maioria das outras culturas ocidentais. Em que pese todo dinheiro e esforço, a probabilidade de recuperação bem-sucedida não é maior do que era há 50 anos.

Existem duas razões principais para os custos incrivelmente amplos, vultosos e persistentes da toxicodependência. A primeira delas é o uso excessivo, notavelmente comum, abrangendo áreas geográficas, econômicas, étnicas e de gênero, com pouca variação. A outra é a resistência também muito grande ao tratamento. Não obstante a dificuldade de contar com estimativas confiáveis, a maioria dos especialistas concorda que não mais de 10% dos que abusam de substâncias químicas conseguem se manter limpos durante um período de tempo razoável. No que diz respeito às doenças, essa taxa é quase singularmente baixa: uma pessoa tem duas vezes mais chances de sobreviver a um câncer cerebral.

A despeito dessa perspectiva sombria em termos estatísticos, há algumas razões para nos sentirmos encorajados. Alguns viciados, em casos desesperados, conseguem ficar limpos e permanecer assim, e até mesmo ter uma vida produtiva e feliz. Ainda que a neurociência não tenha conseguido analisar minuciosamente os mecanismos por trás dessa transformação, aprendemos bastante sobre as causas do problema. Sabemos, por exemplo, que esse vício resulta de uma teia complexa de fatores que incluem predisposição genética, influências desenvolvimentais [eventos impactantes ao longo da vida] e elementos ambientais. Digo complexo porque cada um desses fatores é muito denso. Ou seja, centenas de genes e inumeráveis contribuições ambientais estão envolvidos. Os fatores também dependem uns dos outros. Por exemplo, uma vertente particular de DNA pode aumentar a susceptibilidade ao vício, mas apenas na presença (ou ausência) de outros genes específicos e junto com certas experiências desenvolvimentais (pré ou pós-nascimento) e em contextos específicos. Então, ainda que saibamos muito, a complexidade da doença significa que ainda somos incapazes de prever se um indivíduo em particular desenvolverá um vício.

Embora possa haver tantos caminhos diferentes para o vício quanto há viciados, existem princípios gerais de funções cerebrais subjacentes a todo uso compulsivo. Meu objetivo ao escrever este livro é compartilhar esses princípios e assim lançar luz no beco sem saída biológico que eterniza o uso e abuso de substâncias químicas: a saber, que nunca haverá droga o bastante, pois a capacidade do cérebro de aprender e se adaptar é basicamente infinita. Aquilo que até então era um estado normal pontuado por períodos de alta, inexoravelmente se transforma em um estado de desespero que é apenas temporariamente subjugado pela droga. Compreender os mecanismos por trás de cada experiência do adicto deixa muito claro que, fora a morte ou a sobriedade, a longo prazo não há maneira de sufocar a necessidade gritante entre as exposições à droga. E no momento em que a patologia determina o comportamento, a maioria dos viciados morre tentando satisfazer um desejo insaciável.

## Minha História

Quando fiquei bêbada pela primeira vez, aos 13 anos de idade, me senti como Eva deve ter se sentido após provar do fruto proibido. Ou como um pássaro nascido em uma gaiola ao ganhar inesperadamente a liberdade. O álcool trazia alívio físico e funcionava como antídoto espiritual para a persistente inquietação que eu era incapaz de identificar ou compartilhar. Uma mudança abrupta de perspectiva, que coincidia com a ingestão de duas ou três garrafas de vinho no porão da minha amiga, de alguma forma me deixava convicta de que eu ficaria em paz com a vida. Assim como a luz é revelada pela escuridão, e a alegria pela tristeza, o álcool providenciava um poderoso reconhecimento subconsciente de meus esforços desesperados de autoaceitação e propósitos existenciais, bem como de minha incapacidade de negociação com um mundo complexo de relacionamentos, medos e esperanças. Ao mesmo tempo, parecia entregar, em uma almofada de cetim, a chave para toda a minha angústia florescente. Subitamente aliviada de uma existência dura e sem brilho, eu finalmente descobrira a facilidade.

Ou talvez essa facilidade se assemelhasse mais com a anestesia, mas, na ocasião, e por vários anos depois, eu não só não conseguia ver a diferença como não me importava. Até o momento em que o álcool preencheu pela primeira vez minha barriga e cérebro, eu não havia conscientemente reconhecido que estava apenas suportando, mas naquela noite, ao me inclinar para fora da janela aberta do quarto da minha amiga, olhando as estrelas, respirei profundamente pela primeira vez. Uma placa que vi depois atrás de um bar descrevia minha primeira experiência com precisão: "O álcool faz você sentir o que deveria sentir quando não está bebendo álcool." Entre outras coisas, me perguntei por que, se a droga pode fazer isso, todo mundo não bebe mais e com maior frequência?

Então comecei com entusiasmo, até mesmo determinação. Dali em diante, consumia sempre e tanto quanto podia — praticamente durante a maior parte do sétimo ano, porque a escola oferecia as melhores oportunidades para me ver livre da supervisão paterna em meu subúrbio, o mundo da classe média. Bebendo antes, durante e (quando dava) depois da escola, eu parecia ter uma admirável tolerância inata. Quase nunca ficava doente ou de ressaca — talvez graças a meu fígado jovem —, e parecia apresentável a despeito do que seria certamente considerado intoxicação. Embora nunca mais tenha alcançado a sensação avassaladora de integridade que experimentei na primeira vez, o álcool continuou a proporcionar uma euforia contida. Qualquer estado alterado parecia uma melhoria dramática de uma vida regrada, monótona e tediosa.

Até onde me lembro, me sentia confusa, frustrada pela imposição de limites e pelas minhas próprias limitações. O anseio por algo, por uma coisa a mais, está no centro da minha experiência comigo mesma. Até hoje, atrás da persona que dá atenção aos amigos, da parceira comprometida, cientista determinada e mãe devotada está um desejo desolador de mergulhar no esquecimento. Realmente não sei dizer do que ou para onde procuro escapar; sei apenas que as restrições de espaço, tempo, circunstâncias, obrigações, escolhas (e oportunidades perdidas) me trazem uma enorme sensação de desespero. Na verdade, meu pensamento predominante é que estou perdendo tempo, embora seja rápida em admitir não ter ideia do que fazer comigo mesma. O tempo flui como em um sonho, enquanto busco futilmente uma série de tarefas vazias, a todo instante abafando uma crescente sensação de pânico. Tenho fantasias em que me vejo diante de uma saída desconhecida ou forçando a entrada por um portão quebrado em um santuário estrangeiro, de alguma forma penetrando em um mundo no qual todos concordamos em não fingir que as coisas são diferentes do que parecem ser.

O que está acontecendo? O que estou fazendo? Perguntas como essas deviam estar entre meus primeiros pensamentos conscientes. Se eu tentasse dizê-los para qualquer um, tenho certeza que ouviria de volta recomendações para "ser boa", "trabalhar com afinco", "sorrir" e "não deixar que me peguem desse jeito". Eu não conseguia entender por que não os outros não compartilhavam meu horror, ou ao menos consternação, já que estávamos todos sujeitos às mesmas leis caprichosas da existência, à mesma prova de forças irracionais. Caso compartilhassem, eu ficaria espantada e com sentimento de repulsa por estarem dispostos a desperdiçar suas vidas adquirindo coisas, planejando festas, limpando a casa e conferindo as "novidades".

Inúmeras pessoas se debatiam com sentimentos de vazio e desespero, mas eu não sabia disso, e fora algumas curiosas peças de ficção ou poesia, não me lembro de constatar um único reconhecimento de perturbação naqueles em torno de mim até estar em plena adolescência. Minha primeira embriaguez parecia oferecer uma saída fácil em meio à dificuldade de crescer, e se passou muito tempo antes de eu ter consciência suficiente para olhar em retrospectiva e me perguntar o porquê do caminho que tomara. No final, o próprio efeito do álcool que eu tanto amava — sua capacidade de calar os medos existenciais — me traiu completamente. Não demorou muito até que o efeito mais confiável da droga fosse garantir a alienação, o desespero e o vazio que eu procurava medicar.

O diretor do National Institute on Alcohol Abuse and Alcoholism, George Koob, disse que existem duas maneiras de se tornar um alcoólatra: ter nascido assim ou beber muito. O Dr. Koob não está tentando ser irreverente, e a alta probabilidade de que um ou o outro se aplique a cada um de nós ajuda a explicar a razão pela qual a doença é tão prevalente. Não discordo que muitos que trilharam o mesmo caminho que eu têm uma predisposição a isso antes mesmo de seu primeiro gole, mas também avalio que bastante exposição a qualquer droga que altere a mente induzirá tolerância e dependência — marcas do vício — em qualquer pessoa com um sistema nervoso. Infelizmente, porém, ainda não há um modelo científico capaz de explicar como fui arrastada brutal e rapidamente para a condição de sem-teto, de desesperança e de absoluta desolação.

## Escolhendo o Esquecimento

Nos dez anos seguintes, adotei uma filosofia simples e prática: aproveitava qualquer oportunidade de usar drogas e pagava qualquer preço por elas. Minhas ações só faziam sentido em termos desse princípio condutor; praticamente em todos os momentos eu me orientava no sentido de escapar da sobriedade. Se a primeira dose de bebida me deu uma sensação de paz, a primeira vez que fiquei chapada foi por simples diversão. O álcool fazia a vida ficar tolerável, mas a erva a deixava hilária! E a coca a tornava "quente", a metanfetamina, emocionante, e o ácido, interessante... Apesar de toda essa conjuração farmacológica, comercializei a mim mesma pedaço por pedaço. Muitas das experiências que tive durante esse período formativo estão completamente banidas da memória, mas daquelas que me recordo, algumas foram divertidas ou fantásticas, como na noite da véspera dos exames finais, quando iniciei uma viagem de carro de St. Louis a Nashville. Outras eram embaraçosas ou perigosas, como dirigir a Suburban de meus avós com a cabeça para fora da janela porque a iluminação da rua parecia muito mais informativa do que a sinalização de trânsito ou da estrada, enquanto vários amigos mal se seguravam no teto do carro, chocando-se uns com os outros; ou entrar na lancha de um estranho em Miami porque eu me aborrecera em um encontro amoroso. Mas a maioria era dolorosa.

Estudei em uma instituição jesuíta no centro do país, embora preferisse uma faculdade pública na Califórnia; isso porque foi minha mãe que preencheu minhas inscrições. Apesar de alguns excelentes professores e de ter ido bem no primeiro semestre, não demorei para encontrar minha turma. No início do segundo período, tinha uma carteira de identidade falsa e sabia onde obter maconha, retomando meu caminho do ponto em que havia parado depois de me formar no ensino médio e ficar mais louca que o Batman no sul da Flórida. Tenho certeza de que não sou a única pessoa para quem a faculdade foi uma oportunidade de se livrar do olhar penetrante e atento dos pais, e ter a liberdade de fazer o que desejava era emocionante. Passei a maior parte do tempo bebendo e festejando, só estudava ou ia para a aula em último caso.

Essa liberdade toda, para onde me levou? Em minha memória, tenho muito nítida a imagem de estar deitada em meu beliche uma tarde, chapada, mas desesperada. Ouvia o burburinho dos estudantes conversando lá fora, embaixo das janelas, e no salão; as tarefas devidas ou atrasadas se acumulavam e meus planos provavelmente eram encontrar os amigos para comer alguma coisa. Porém, me sentia oprimida por uma sensação de vazio e futilidade ainda mais intensa do que a habitual. Não consigo pensar em nada, nas circunstâncias da vida que levava, que tenha precipitado essa crise; mesmo agora, penso em meu uso de drogas

— especialmente nos estágios iniciais — tanto como cura quanto causa. Mas, seja lá por qual motivo, entendo toda minha vida, apesar de desastres e realizações pontuais, como uma trajetória isenta de propósitos de autopreservação e promoção: partir para chegar a lugar nenhum e caracterizada por envolvimento em ocupações assumidas às cegas, de modo reativo. Além disso, me parecia que minha vida não era diferente da de qualquer outra pessoa. Éramos como peixes sendo educados em grupos, inconscientes da água e indiferentes a qualquer coisa fora de nossas próprias cabeças egoístas. Lembro-me da cavidade cinza e sem forma em meu peito e barriga que esses pensamentos provocavam. Todos nós estávamos completamente sozinhos, e nossos esforços eram direcionados principalmente para manter as ilusões que nos mantinham sãos, até morrermos.

A única resposta racional, pensei, era dar um fim à minha vida, mas a estética toda do ato me soou patética. Apesar de pensar era tudo vaidade, eu ainda era bastante vaidosa, e saltar da janela do meu dormitório simplesmente não combinava com meu estilo. Em vez disso, aquela tarde foi um marco crítico com relação a meu vício. Usuária ávida desde o início, agora eu estava real e totalmente comprometida. Passei a me comportar de maneira imprudente, caminhando com rapidez para uma vida em que minhas ideias sobre a existência se expressavam em forma de insanidade cruel.

Em outras palavras, minha resposta a ser oprimida pelo vazio profundo foi pular nele. Caminhava de forma trôpega, vindo de bares em East St. Louis, sozinha, bêbada e drogada, nas primeiras horas da manhã. Nessas andanças, passei várias semanas indo parar em habitações subsidiadas por programas governamentais com um grupo de pessoas com as quais não tinha nada em comum, exceto por apreciarmos cocaína "freebase" [cocaína pura diluída] (isso, nos dias imediatamente anteriores ao crack), enquanto "suas" mulheres e filhos ficavam à toa em um quarto sem janelas assistindo à televisão. Com isso, acabava por me deparar comigo mesma em uma variedade de lugares sórdidos, completamente desprevenida, e o pensamento de testar minha destreza contra quem ou o quê acontecesse de estar na minha frente era uma maneira um pouco menos tediosa de passar o tempo, entretendo a morte.

Foi quando ocorreram dois eventos simultâneos: a faculdade decidiu que eu deveria dar um tempo e meus pais perceberam que estavam sendo passados para trás. Lembro-me do dia em que, de pé na entrada de nossa garagem, eles anunciaram que estavam retirando a ajuda financeira. Gostaria de poder dizer que pedi desculpas, especialmente enquanto meu irmão mais novo, um musculoso jogador de futebol americano no colegial, berrava na rua, mas na verdade tudo que me lembro é de sentir alegria. Não há mais limites! Chega de ter que agradar e satisfazer a autoridade! Uma amiga que, de certas e importantes maneiras, era como se fosse minha irmã gêmea, levantou meu astral e fomos para um quarto de motel após juntarmos nosso dinheiro para comprar um liquidificador, suco e várias garrafas de vodka. Eu me sentia começando muito bem minha vida adulta.

Vivi os três anos seguintes trabalhando aqui e ali, muitas vezes topando com nada além de mentiras e evasivas. A única constante era atender ao meu vício. Com ou sem emprego, casa ou outros recursos convencionais, sempre conseguia encontrar um jeito de ficar (e mais ou menos permanecer) abastecida. Até ser demitida pela prática de furtar algumas notas do caixa, trabalhei em um bar de segunda categoria às margens de uma ferrovia chamado Tips Tavern. Os fregueses chegavam às sextas-feiras no final da tarde para acertar as contas e geralmente recomeçavam a pedir fiado antes do fim da noite. Meus pais se afastaram mesmo; raras vezes via minha família. Lembro-me vagamente do funeral do meu avô, no qual estava sob efeito de barbitúricos e me esforçava para exibir um semblante apropriado enquanto não sentia absolutamente nada. Só muito mais tarde, após algum tempo livre das drogas, fui capaz de lamentar qualquer coisa, inclusive a perda do meu avô.

Em outra ocasião, estava em um semáforo, com um baseado entre os lábios, quando olhei para a esquerda e vi meus pais me fitando, atônitos. Recordo-me desse dia, um dia banhado de luz, da alegria que virou tristeza em seus rostos e de como nós três desviamos o olhar rapidamente. Eu poderia ter pensado o quão improvável era que todos estivéssemos no mesmo cruzamento, mas aquela não era uma cidade tão grande e a verdade é que eu *nunca* entrava em um carro sem ao menos duas ou três cervejas ou uma lata com um líquido qualquer contendo álcool. A vergonha que me inundou durou apenas um pouco mais que o tempo de mudar de direção e dar outra tragada. Hoje, olho para meu eu compulsivo com tanta compaixão quanto a que sinto por meus pais.

Até cerca de dez segundos antes da primeira vez que usei uma agulha, pensei que nunca injetaria drogas. Como a maioria das pessoas, associava agulhas com o uso por viciados da pesada. Isto é, até me oferecerem um pico. Lembro-me de um sentimento um instante antes de aceitar, como se eu realmente tivesse escolha: não reconheci que cruzar essa linha fosse inevitável, como seria na segunda até a enésima vez, mas sim como se fosse legal tentar. Provei e ouvi a coca antes de senti-la: um gosto incomum na parte de trás da língua junto com um zumbido nos ouvidos soando como um alarme de incêndio. Então, senti! Um banho morno de euforia, muito mais rica do que a que vinha de aspirá-la pelo nariz, como se meu corpo e cérebro ficassem aquecidos, úmidos e mais ligados, senti gratidão pelo brilho da vida. Não exagero quando digo que alguns minutos depois estava no comando das coisas ali, em parte porque poderia ter certeza de que minha vez não seria pulada. Ao continuar assim por um longo ano, usando cocaína dessa forma, precipitei minha ida precoce ao fundo do poço.

Embora tenha cometido furtos em lojas e roubado cartões de crédito quando a oportunidade se apresentava, ainda era capaz de considerar a mim mesma uma boa pessoa. Até certo ponto, por exemplo, poderia contar com meus companheiros, e vice-versa. Digo até certo ponto porque também era sabido e esperado que iríamos mentir, enganar ou roubar um do outro se algo realmente importante estivesse em jogo (isto é, drogas). Para dar um exemplo, quando juntávamos nosso dinheiro para comprar drogas, era melhor irmos todos juntos na picape. Em ocasiões em que apenas um, ou uma parte de nós, ia, sabia-se que algo da encomenda ficaria pelo caminho. Não se esperava que ninguém fosse tão confiável! No entanto, lembro-me de um incidente quando um namorado e eu planejamos ir a uma cidade vizinha para assistir aos fogos de artifício do 4 de julho, independência dos EUA. Um sujeito que conhecíamos, talvez alguém do trabalho, não tinha planos, então o convidamos para ir junto. Na época, me senti generosa, pois ele estava sozinho e um pouco triste, e fomos legais o suficiente para deixá-lo compartilhar nossa noite. Bebemos e fumamos ao longo de todas as festividades e, no dia seguinte, encontrei um maço de notas na parte de trás do carro. Trezentos dólares. Meu namorado e eu discutimos e decidimos ficar com o dinheiro. Eu sabia que isso era antiético, mesmo pelos meus padrões frouxos, em parte porque era muito difícil justificar — algo sobre como nós o ajudamos e precisávamos pagar nosso aluguel. Mais tarde, quando ele perguntou, olhei o amigo desavisado bem em seus olhos e disse: "Não, não vi... que azar." Sabia que ele precisava da grana e que eu simplesmente fizera algo errado. Gastamos aquele dinheiro em drogas.

Outra história: Johnny era um veterano do Vietnã que morava em um dos apartamentos de um prédio todo detonado que ficava atrás do colégio. Era um cara gentil e desiludido com a vida, sozinho o bastante para compartilhar suas drogas. O grande sonho dele era ser mantido indefinidamente em uma cama de hospital recebendo infusões intravenosas de drogas. Em diferentes circunstâncias, poderia ter sido um amigo, mas amizade depende da confiança e do apoio ao bem-estar do outro. Um dia, estávamos nos injetando cocaína em seu quarto imundo quando seus olhos viraram do avesso e ele entrou em convulsão. Caí fora dali e pensei: "Ele provavelmente não vai querer sua próxima dose." Johnny não morreu naquele dia, mas dos três naquela sala, sou a única ainda viva.

Não compartilho essas histórias para deixar os leitores desconfortáveis (e peço desculpas se isso acontece) ou unicamente para me qualificar como uma adicta genuína. Ao expor minha história, meu principal objetivo é ilustrar as profundezas e a amplitude (está em capítulos posteriores) da experiência do vício. Não acho que sou uma pessoa boa que se misturou com uma multidão ruim, por exemplo, ou que de alguma forma tenha sido um joguete de meus genes ou neuroquímica, pais ou história pessoal (ainda que todos esses fatores certamente tenham sua dose de influência). Também não acho que sou essencialmente pior, ou até mesmo diferente, de outra pessoa: não daqueles que passam seus dias embaixo de viadutos ou em prisões, ou também dos que estão à frente de associações de pais e mestres ou que concorrem a cargos públicos. Todos nós enfrentamos inúmeras escolhas e não há uma linha clara separando bom e mau, ordem e entropia, vida e morte. Quem sabe como resultado de seguir regras ou convenções, alguns vivem sob a ilusão de serem inocentes ou merecedores, de estarem seguros de seu status como cidadãos bem nutridos. Se há um demônio, ele vive dentro de cada um de nós. Um de meus maiores valores é saber que meu principal inimigo não está fora de mim, por isso sou grata a todas as minhas experiências. Todos temos a capacidade de errar; caso contrário, não poderíamos, de fato, ser livres.

O oposto do vício, aprendi, não é a sobriedade, mas a escolha. Para muitos como eu, as drogas agem como elementos poderosos que turvam a liberdade. Há, porém, inúmeras maneiras de qualquer um de nós trilhar esse mesmo caminho ao deixar sair de baixo do manto protetor ao qual estamos tão habituados questões de vocação, família ou outros disfarces. Como James Baldwin colocou, "a liberdade é difícil de suportar"; para aqueles que não reconhecem a precariedade da situação, apenas rezem para que não sejam obrigados a se desapegar de hábitos, dinheiro no banco ou outros adereços.

## Mudança de Comportamento

Diz-se que toda recuperação se inicia no fundo do poço. No que me diz respeito, é um milagre eu não ter tido o que merecia, e ter certeza disso é muito melhor do que pensar que mereço mais do que obtive. O pontapé inicial rumo ao fim foi dado na parte de trás daquele restaurante sem nada de notável na Rota 1, onde o traficante entregou o pacote errado e meu amigo expressou a sacada surpreendente de que simplesmente nunca haveria cocaína suficiente.

Tal declaração deve ter tocado um ponto extremamente sensível em meu íntimo, aquelas palavras de Steve ecoam indefinidamente em minha mente desde então. As linhas condutoras de nossas escolhas são nebulosas, mas aquele momento foi definidor no processo pelo qual aquilo se constituiu em minha última grande compulsão por cocaína. O resultado disso foi que, além de escapar do vírus da Aids, consegui me recompor um pouco em termos financeiros e pude, junto com um casal de amigos, pagar por um bom apartamento de um quarto. Isso trouxe algumas vantagens em relação a morar embaixo de viadutos, incluindo ter privacidade para esconder vasilhames vazios e outras evidências de devassidão. Lá havia também uma geladeira para manter frias as garrafas de bebida. E, claro, havia um banheiro: o local propício para me deparar com o fundo de mim mesma. Embora não fosse muito de me ajeitar em frente a um espelho, um dia, logo após chegar (e, portanto, no ponto mais baixo de minha farmacopeia interna), tive um encontro terrível — comigo mesma. Distante alguns poucos centímetros do espelho, olhava em meus próprios olhos quando recebi de volta uma visão nítida do vazio abissal dentro de mim. Senti como se estivesse encarando minha própria alma e tal sensação era pior, muito pior, do que o nada existencial do qual estava fugindo.

Minha reação, naturalmente, foi apelar para o cachimbo, mas ainda não conseguia me livrar do sentimento assustador daquele dia, e assim permaneci um longo tempo depois. Eu me senti assombrada por uma verdade tão desoladora que fez minhas estratégias de evasão parecerem meras decorações em um cadafalso. Interpretei aquele momento no espelho como meu interior profundo porque era provavelmente a reprodução mais fiel de mim mesma que vi em muitos anos, e embora não tenha captado tudo de mim, bastou para aniquilar muitas de minhas ilusões. Durante os cerca de três meses seguintes, fui incapaz de consumir o suficiente de qualquer coisa para apagar aquela imagem.

Uma fenda profunda em minhas defesas finalmente se abriu durante uma visita a meu pai. Fiquei surpresa quando me convidou para jantar fora para comemorar meu aniversário de 23 anos, pois não nos falávamos há anos. Laços de família são profundos e, atrás de toda minha autojustificada raiva, eu ainda queria seu amor e aprovação, então, quando ele fez a oferta, aceitei na hora.

No dia marcado, minha principal preocupação era administrar minha dosagem, de modo a ser capaz de interagir com ele e ainda permanecer em pé. Era uma preocupação legítima. Naquela altura da minha vida, eu não havia tido quase nenhum relacionamento que envolvesse expectativas, e sabia que era impossível dormir, um pouco que fosse, antes do horário típico de um jantar, especialmente porque meu horário habitual de acordar era depois do meio-dia. Literalmente não tinha noção alguma do que fazer com as quatro a cinco horas de tempo livre se não estivesse "viajando". Seja como for, estava apenas um pouco louca quando entrei no carro e, em vão, esperei que isso não fosse óbvio. Alguns minutos depois, chegamos ao restaurante que eu havia escolhido, um japonês minúsculo com algumas mesas pequenas e um balcão de bar. Não me sentia particularmente vulnerável e também não tinha grandes expectativas. Por isso fui completamente pega de surpresa quando meu pai estranhamente anunciou que só queria que eu fosse feliz. Era, talvez, a última coisa que eu esperava ouvir; ele poderia ter desejado que eu voltasse para a faculdade, me sentasse direito, pagasse a quem devia ou cuidasse melhor dos dentes. Mas ser feliz? De onde viera aquele pai? (Até hoje, ele não consegue se lembrar da conversa e ninguém o ouviu dizer nada a respeito.) Contudo, meu *pai* dizer que desejava que eu *fosse feliz*, de alguma forma pôs abaixo minhas defesas e de repente eu estava chorando copiosamente, as lágrimas molhando meu missô, por conta de quão miserável eu era! Apesar de organizar as coisas ao meu gosto, ignorar limites e responsabilidades e das festas umas atrás das outras — eu estava totalmente descontente. Tanto é que, não obstante minha vasta experiência em bravatas, não consegui reunir um bocadinho que fosse da minha habitual arrogância com ele, bem como com os donos do restaurante, garçons e provavelmente até mesmo o cozinheiro, testemunhas de minha ruína encharcada.

Ao iniciar o tratamento pela primeira vez, eu carecia por completo de compreensão e aceitação. Não tinha ideia do que havia assinado (inacreditavelmente, imaginava um spa) e queria apenas escapar, como sempre. A idade adulta é caracterizada, mais do que por qualquer outra coisa, pela capacidade de ver além da própria e estreita perspectiva, e ao ser admitida no centro de tratamento, uma avaliação de minha condição sugeria que me seria mais adequado ser incluída no programa infantil; não tenho dúvida alguma de que estavam certos. Foi uma sorte que meus pais me trouxeram até Minnesota. Se estivesse em algum lugar perto de qualquer coisa ou alguém que conhecesse, certamente teria desertado em vez de enfrentar as muitas maneiras pelas quais eu conspirava em prol de minha própria ruína. Permaneci no centro de reabilitação por 28 dias e depois passei três meses em uma casa de saúde feminina, apropriadamente chamada Vale do Progresso. Foi uma introdução à realidade: tratava-se de um antigo convento ao lado de uma rodovia interestadual, cheia de fedelhos, infantis como eu, com regras sobre tudo, de cochilos a pires de chá.

No entanto, foi ali que comecei a perceber que minhas intuições iniciais sobre o álcool e outras drogas estavam exatamente de ponta-cabeça. Longe de se constituírem em uma solução para meus problemas com a vida, gradualmente foram reduzindo as possibilidades para isso até restar somente um farrapo de vida. Procurei bem-estar e encontrei doença; diversão, mas vivia ansiosa e apavorada; liberdade, e fui escravizada. Em apenas dez anos, minhas fontes de consolação me traíram totalmente, escavando um cânion profundo e inabitável. As drogas estavam destruindo todos os aspectos da minha vida enquanto meus dias se revolviam em torno da autoadministração até ficar inconsciente.

Quando completei 23 anos de idade, muitos anos já haviam passado desde que ficara um dia inteiro sem uma bebida, um comprimido, uma carreira de cocaína ou um baseado. Apesar de diversão e empolgação terem ido embora há bastante tempo, eu não conseguia me convencer de ter uma doença que exigia uma vida inteira de abstinência. Hoje, sei que as drogas ainda proporcionavam um arremedo de fuga e, portanto, ofereciam uma opção mais atraente do que me expor não medicada e de maneira crua às circunstâncias da vida. Contudo, morrer lentamente, um pouco a cada dia, estava se tornando insuportavelmente doloroso. Finalmente cheguei a um ponto em que me sentia incapaz de viver com ou sem substâncias que alteravam a mente. Essa situação sombria descreve a condição de muitos, se não todos os viciados, e ilustra por que poucos se recuperam. Ainda que estejam esgotados, acham que o custo da abstinência parece muito alto: sem drogas, o que há para viver, afinal de contas?

Por fim, dois fatores motivaram meu desejo de recuperação. Primeiro, comecei a tatear com todo cuidado a questão de como seria viver no território relativamente desconhecido da sobriedade. Estivera apalpando e arranhando as paredes de um porão escuro há tanto tempo que parecia ser ao menos interessante explorar outro lugar. Pensei em mim mesma como alguém destemida (enfrentando traficantes lunáticos e agentes das delegacias antientorpecentes com altivez), e essa disposição equivalia à coragem e curiosidade que contribuíram para a decisão de dar uma chance à abstinência. Fiz uma promessa de que se a sobriedade não me fizesse ser menos miserável, voltaria a ser uma usuária. E como tinha noção de que tal mudança no estilo de vida seria por algum tempo muito difícil, meu plano incluía uma data específica para reavaliar a situação. Na verdade, garanti que houvesse uma porta dos fundos.

Minha segunda motivação foi a decisão de encontrar uma cura. A arrogância disso, hoje, me espanta. Mas também acho que certos traços de personalidade que facilitaram meu vício ajudaram fazer de mim uma boa cientista. Curiosidade sem fim, vontade de assumir riscos e perseverança que faz um buldogue parecer descontraído, todas contribuíram para meus êxitos como neurocientista.

Mais do que qualquer outra coisa, buscar e adquirir conhecimento sobre drogas, vício e o cérebro me fizeram sentir compaixão pela situação desesperada de pessoas como eu. A compreensão que ganhei me ajudou a ficar limpa, qualificando melhor as escolhas. Tenho em mim a esperança de que, iluminando a aparente insanidade de viver em conluio com hábitos que não são apenas tristes, mas letais, este livro contribuirá para descortinar um caminho de liberdade para quem se encontra em tal situação.

# 1
+ + +

## O Alimento do Cérebro

A natureza nunca diz uma coisa e a sabedoria outra.

—Juvenal (Poeta romano, 60 a 130 d.C.)

Por que motivo, querendo curar o vício, me propus a ser neurocientista, e não médica, psicoterapeuta ou mesmo guru da autoajuda? Como muitos outros naquela época, eu compartilhava da crença de que os poucos quilos de gosma gordurosa dentro do crânio eram, em última análise, responsáveis pela totalidade da minha condição. Intervenções médicas e sociais, caso funcionassem, teriam que agir no funcionamento do cérebro. Portanto, parecia mais simples e eficiente concentrar meus esforços na compreensão dos mecanismos neurais subjacentes aos estados que pareciam definir minha experiência, como impulsividade e ansiedade. Pensei que, se pudesse encontrar o interruptor celular que era acionado em algum momento entre o terceiro e o quarto drinques ou cada vez que um bagulho promissor estava à vista, e em seguida encontrar uma maneira de mantê-lo na posição "off", eu seria capaz de evitar responder com grosseria às raras pessoas com quem ainda mantinha relações amigáveis, ou de gastar todas as minhas gorjetas em sensações fugazes, ou de viajar embriagada de carro para Dallas. Em outras palavras, seria capaz de usar drogas "como uma dama". A ideia de que *eu sou meu cérebro* ainda está na base dos esforços de milhares de neurocientistas em todo o mundo, na medida em que trabalhamos para conectar a experiência a estruturas neurais, interações químicas e genes.

É preciso mencionar que, embora plausível, uma hipótese elegante não é um substituto para dados definitivos. Com o passar do tempo, até as experiências vividas na escola determinam em parte nosso comportamento. Na verdade, está começando a se estabelecer a noção de que o cérebro está mais para um palco onde nossa vida é encenada do que como o diretor nos bastidores dando seus pitacos. No entanto, é razoável supor que todos os nossos pensamentos, sentimentos, intenções e comportamentos tenham ao menos *contrapartes* na forma de sinais elétricos e químicos no cérebro, pois não há a menor evidência que sugira algo diferente disso.

Embora o sistema nervoso central (SNC) — isto é, o cérebro e a medula espinhal — seja complexo a ponto de tirar o fôlego, não é simplista demais dizer que suas células se ocupam de maneira recorrente com duas tarefas principais: responder ao ambiente e depois adaptar-se a ele. Essas duas funções básicas são fundamentais para o entendimento de como as drogas funcionam e como o vício evolui. Ao longo deste capítulo, abordaremos o modo pelo qual as drogas atuam no cérebro, e no próximo discorreremos sobre a maneira como o cérebro se adapta a essas influências e, ao fazê-lo, gera dependência.

O SNC é nosso único modo de interagir com o meio ambiente. A maioria da rede neural é utilizada para entender, perceber e reagir ao que está em torno de nós. Pensadores renomados, de filósofos a romancistas, já especularam sobre quem seríamos caso não tivéssemos acesso ao meio ambiente. Em alguma extensão, nossas intenções, sentimentos e ações não são todos impulsionados por estímulos? O clássico romance contra as guerras *Johnny Vai à Guerra*[1] levanta questões acerca de como seria a vida se fôssemos incapazes de compreender ou responder ao mundo que nos rodeia. Após quase morrer em batalha, o protagonista acorda em uma cama de hospital, apenas para perceber que seus membros e rosto se foram e que ele não pode se mover, falar, ver, ouvir e cheirar. A história, que acompanha a vida do protagonista durante vários anos, mostra como Joe lida com essas limitações tão severas — por exemplo, ao se perguntar como expressar que acordou na ausência de interações com o meio ambiente.

A condição de Joe é certamente algo digno de pesadelos, porém não implica dizer que qualquer um de nós experimente com precisão o que se passa à nossa volta. Longe disso! Por exemplo, muitos insetos captam a luz ultravioleta, que nos é literalmente invisível. Da mesma forma, não conseguimos detectar vibrações em moléculas de ar de frequência muito alta ou muito baixa (ao contrário de morcegos e elefantes, que o fazem de imediato), o que significa que não podemos ouvir sons muito agudos ou muito graves, ainda que também estejam todos povoando nossos ouvidos. E mesmo que enxerguemos melhor que os cães — que por sua vez têm um olfato cerca de mil vezes superior ao nosso —, um pombo tem uma visão muito melhor que a dos humanos. Até certo ponto, somos todos, então, prisioneiros de nosso sistema nervoso. Mesmo dentro de uma espécie existem diferenças em termos de sensibilidade, e um único indivíduo pode demonstrar variações significativas ao longo de sua vida. Por exemplo, as mulheres podem detectar sons mais agudos do que os homens, mas todos nos tornamos menos sensíveis a eles conforme envelhecemos. A grande maioria das pessoas são tricromatas, ou seja, percebem milhares de tonalidades de cor diferentes combinando essa percepção em apenas três tipos de neurônios sensíveis à cor. Entretanto, alguns indivíduos mais favorecidos têm uma mutação que lhes dá um quarto tipo de sensor de cor, e mesmo que não se deem conta desse dom, são mais propensos a seguirem as carreiras de artistas ou designers. A lição mais importante aqui, no entanto, é que nossa experiência é refém de nossos sentidos, que nos possibilitam perceber uma porção relativamente limitada do que está lá fora — uma versão altamente filtrada de nosso meio ambiente.

Parte do que faz do SNC algo genial é sua capacidade de converter em seu vocabulário nativo de energia elétrica e química os "dados de entrada" transmitidos pelos sentidos. Dizer que todas as drogas consumidas abusivamente são percebidas pelo sistema nervoso é afirmar que todas elas alteram de forma confiável aquela atividade cerebral elétrica e química, assim como um seixo atirado em uma lagoa causa ondulações. Na adolescência, quando estava iniciando meu uso experimental de drogas, havia na televisão um anúncio veiculado como serviço de utilidade pública cujo refrão era "Este é seu cérebro quando você está drogado" — mostrando um ovo caindo em uma frigideira, na qual chiava e fritava, sugerindo que as drogas eram como um líquido de embalsamar para o cérebro. Embora possa ter chamado a atenção, o argumento era totalmente vazio, mesmo para o nível de pensamento crítico de alunos da nona série. Cada coisa que experimentamos, por menor que seja — incluindo drogas, mas também propaganda, caminhadas na mata, almoço com os amigos, apaixonar-se, fazer ou deixar de fazer isto ou aquilo — é registrada como mudanças estruturais e funcionais na frigideira do cérebro, o que ocorre precisamente porque são experiências. Eis aqui seu cérebro nadando... sonhando acordado... esbravejando... com medo. O cérebro não é mais estático que um rio, e se agita de acordo com o fluxo de nossa experiência. Dessa e de outras formas, somos moldados por nosso meio ambiente.

Então, para que possamos experimentar qualquer coisa, nosso sistema nervoso precisa ser alterado em função da experiência. Essa realidade de constante mudança gera um paradoxo que só pode ser percebido em um contexto de estabilidade neural. Tendo em vista que em nosso cotidiano nos deparamos com um ambiente sempre variável, se nossa atividade neural simplesmente refletisse tudo o que acontece nele, o resultado seria igual àquele obtido ao jogar um pedregulho ou mesmo uma pedra maior no oceano em meio a uma tempestade — não poderia haver um impacto perceptível. Em neurolinguagem, a relação entre sinal e ruído seria muito baixa. Para que um estímulo seja detectado e interpretado como significativo, o sinal neural deve ser maior do que o ruído de fundo — ou o ruído deve ser suprimido.

O papel fundamental do cérebro é ser um detector de contrastes. Como são distinguidas por contraste em relação à monotonia, as experiências provocam alterações neuroquímicas em circuitos cerebrais específicos, deixando-nos a par de tudo que nos interessa saber: oportunidades de bebida, comida ou sexo; perigo ou dor; beleza e prazer, por exemplo. O processo de manter em prontidão e estável um ponto de referência, crítico para balizar a detecção de contrastes do cérebro, é chamado de homeostase, e depende da existência de um "ponto de ajuste", bem como um elemento que sirva como base de comparação e um mecanismo para implementar o ajuste. Uma maneira fácil de compreender esse princípio é a questão da temperatura corporal, que se mantém em torno de 37ºC. Se o corpo ficar muito mais quente ou mais frio do que isso, existem mecanismos que atuam no sentido de fazer a temperatura voltar ao normal, como sudorese ou tremores. Sob condições normais, sentimentos também são mantidos dentro de limites estreitos. O que em geral experimentamos é nossa adequação a um estado de neutralidade pessoal; se não fosse assim, seríamos incapazes de detectar eventos "bons" ou "ruins".

Voltaremos à homeostase mais adiante. Por ora, consideremos o que é notável com relação ao abuso no consumo pessoal de drogas — a capacidade de sequestrar o detector de contraste para o prazer.

## Enviando Notícias por um Fio

Na década de 1950, dois pesquisadores canadenses realizaram um experimento típico daquele período.[2] Implementaram um eletrodo (um fio fino que conduz eletricidade) no cérebro de um rato submetido a anestesia geral, em um circuito neural específico. Após o animal ficar totalmente recuperado, enviaram correntes elétricas leves através do eletrodo para imitar a atividade natural, a fim de estudar os efeitos sobre o comportamento do rato e identificar a função do circuito.

A princípio, James Olds e Peter Milner acharam que haviam descoberto as células responsáveis pela curiosidade, porque o rato continuou voltando para a área da jaula onde ocorrera o experimento. Entretanto, após darem sequência à experimentação, os pesquisadores concluíram que tinham encontrado um local no cérebro relacionado ao prazer, denominando-o de "centro de recompensa". Nos experimentos subsequentes, quando um rato demonstrava a capacidade de pressionar uma barra para estimular essa região de seu próprio cérebro, fazia-o abandonando por completo praticamente todo o resto. Por exemplo, um rato faminto ignorava a comida para ligar a corrente elétrica, e os machos ocupados em ligar a corrente ignoravam as fêmeas sexualmente receptivas (um estímulo em geral mais poderoso do que a comida). Em alguns casos, estimular essa área do cérebro era tudo o que procuravam fazer, resultando em fome e privação de sono até o ponto de morrerem.

O paralelo com o vício em drogas foi imediato. Nas décadas que se seguiram, os circuitos identificados por Olds e Milner foram objeto de milhares de estudos que ajudaram a esclarecer seus componentes anatômicos, químicos e genéticos, bem como a conexão com o comportamento. Em termos mais precisos, sabemos que o estímulo elétrico que aplicaram levou à liberação do neurotransmissor dopamina no núcleo accumbens. Esta é uma área do cérebro localizada pouco mais de 7cm atrás da parte inferior das órbitas oculares e é um componente do sistema límbico, um grupo de estruturas envolvidas principalmente na emoção. A dopamina foi liberada por neurônios que se originam no mesencéfalo, seguindo a via mesolímbica (assim chamada porque vai do mesencéfalo, isto é, do *meio,* até o sistema límbico).

Todas as drogas afetam múltiplos circuitos cerebrais e a variação nos locais onde ocorre a ação neural é responsável por seus diferentes efeitos. Porém, todas as drogas são viciantes precisamente porque compartilham a capacidade de estimular o sistema de dopamina mesolímbica. Inúmeros estudos demonstraram que o jorro de dopamina no núcleo accumbens ocasionado pelo consumo de substâncias viciantes (incluindo chocolate e molho picante!) está associado ao resultado prazeroso que proporcionam. Alguns, como cocaína e anfetamina, são universalmente eficazes; outros parecem ter maior influência na dopamina mesolímbica em alguns indivíduos do que em outros (por exemplo, maconha e álcool), e certas substâncias rotuladas como viciantes provavelmente não o são. Por exemplo, a maioria das pesquisas sugere que o psicodélico LSD não estimula a via mesolímbica. A partir disso e de evidências relacionadas, a maioria dos pesquisadores da área poderia argumentar que o LSD não é uma droga que gera dependência.

Inicialmente, foram implantados eletrodos em alguns pacientes deprimidos no intuito de que pudessem autoestimular o circuito mesolímbico em uma tentativa de ajudá-los a se sentir melhor. Infelizmente, longe de serem curados da depressão como os médicos esperavam, esses pacientes *apenas se distraíam* pressionando suas próprias "barras". Os ensaios clínicos foram encerrados por serem considerados ineficazes e talvez até antiéticos. O sistema mesolímbico evoluiu para promover comportamentos como comer e fazer sexo, e a sensação de prazer que confere é menos um estado de humor e mais uma experiência emocional de "excitação" ou prazer, tal como aquela associada às preliminares sexuais. Agora também entendemos que o oposto de prazer não é depressão, mas anedonia, a incapacidade de experimentar prazer. Claro, depressão e anedonia não são excludentes, uma vez que muitos indivíduos deprimidos também têm dificuldade em sentir prazer. Mas, em geral, a via mesolímbica leva a um efeito benéfico provisório, não a um estável senso de esperança que realmente serviria como um antídoto para a depressão.

Quando a atividade na via mesolímbica é impedida — seja fisicamente, rompendo neurônios, ou farmacologicamente, com drogas que bloqueiam a dopamina —, os organismos são incapazes de experimentar prazer. Então, se aquela via fosse de alguma forma lesionada antes de uma dose de álcool ou da injeção ou ingestão de cocaína, em especial se isso estivesse entre suas experiências iniciais com essas substâncias, você deduziria que as drogas teriam sido um completo desperdício de dinheiro (apesar de que, se estivesse sedado ou comportamentalmente ativo, isso dependeria da droga usada, uma vez que esses efeitos podem ser produzidos em áreas distintas do cérebro.

Isso pode parecer uma cura, mas como os médicos daquele estudo sobre a depressão descobriram, é eticamente problemático. Uma intervenção daquele porte impediria o prazer proveniente de todas as fontes, incluindo comida e sexo. Esse tipo de intervenção cirúrgica é proibida em quase todos os países, embora algumas nações, incluindo China e Rússia, estejam reduzindo as taxas de recaída empregando essa estratégia.[3] No entanto, isso não funciona tão bem para viciados mais experientes cujo uso visa sobretudo evitar sintomas desagradáveis associados à abstinência, e não por procurarem ficar "altos". Além disso, falando de modo geral, até mesmo os adictos em claro sofrimento devido a um hábito desesperado não estão dispostos a se voluntariar em procedimentos que levam a tal deficit global na "alegria de viver". A maioria prefere ir para a prisão ou experimentar outras consequências graves, dada a possibilidade de ao menos usufruir de prazeres transitórios. Sem dopamina no núcleo accumbens, nada, nem a carta de um amigo, um belo pôr do sol, uma música, ou chocolate aliviaria uma existência persistentemente sombria.

**Via Mesolímbica**

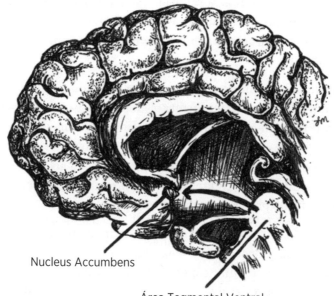

Nucleus Accumbens

Área Tegmental Ventral

## Para Curtir e para Reagir

Nos últimos anos, surgiram evidências de que a dopamina na via mesolímbica não funciona exatamente sinalizando prazer, mas na *antecipação* do prazer. Essa antecipação não é a mesma sensação de prazer associada a satisfação, contentamento ou libertação, e sim uma sugestão ansiosa que nos faz umedecer os lábios, antevendo o gosto do que está logo ali, virando a esquina.

Acontecimentos que causam liberação de dopamina na via mesolímbica podem ser algo prazeroso (estimulação sexual, cheirar cocaína), mas também algo surpreendente (drama, seja lá qual for a circunstância), uma novidade (como viagens), uma coisa que tenha um potencial interessante (bilhete de loteria) ou que seja *realmente* valiosa (oxigênio para um organismo com baixa saturação). Em outras palavras, esse sistema nos alerta para a antecipação de um evento significativo, não para o prazer em si. Estímulos agradáveis são significativos, porém muitas outras coisas também são inerentemente relevantes para um organismo que evoluiu para sobreviver em um meio ambiente sempre sujeito a alterações.

Assim como há inúmeros vícios, há um segundo circuito de dopamina: a via nigroestriatal (que conecta a substância negra na base do cérebro ao estriado, um grande corpo situado mais ou menos no centro de cada hemisfério), que nos permite agir em resposta a um estímulo. Na medida em que a liberação da dopamina no núcleo accumbens sinaliza algo interessante acontecendo no meio ambiente, este segundo circuito também é ativado para nos motivar a agir.

Se as lesões do circuito mesolímbico levam à anedonia, quais os reflexos caso a via nigroestriatal seja eliminada? A consequência é uma condição bastante comum, especialmente em idosos. Deficit de dopamina na via nigroestriatal são responsáveis pela doença de Parkinson. Os portadores desse mal têm extrema dificuldade em demonstrar suas intenções; por exemplo, para pessoas com Parkinson, é necessário um intenso esforço mental para realizar uma tarefa motora simples, como abotoar uma camisa. Esses deficit ocorrem *entre* o desejo de mover e os circuitos de movimento, ambos intactos.

Como a lesão nigroestriatal ocorre em pacientes com Parkinson? A dopamina nas duas vias declina naturalmente com a idade, e com isso há uma redução geral na ansiedade e disposição para explorar coisas novas e se mover rapidamente na direção delas. Mas mesmo antes de envelhecermos, existem diferenças individuais na atividade da dopamina, cuja distribuição se expressa em uma curva em forma de sino, com aqueles na extremidade baixa geralmente tendo maior risco para desenvolver Parkinson. Além da lentidão para colocar as intenções em ação, o baixo nível de dopamina também está associado a uma capacidade acima de média de organização, conscienciosidade e frugalidade. Em outras palavras, provoca uma tendência à rigidez em outras áreas que não só a do movimento.

Resumindo tudo isso, a dopamina nos circuitos mesolímbicos nos leva a apreciar abrir as portas, e a dopamina no circuito nigroestriatal nos permite fazê-lo. Substâncias suscetíveis ao abuso no consumo (assim como reforçadores naturais como comida e sexo) estimulam essas duas vias, que é o modo pelo qual as drogas nos fazem nos sentirmos bem e a razão pela qual as buscamos.

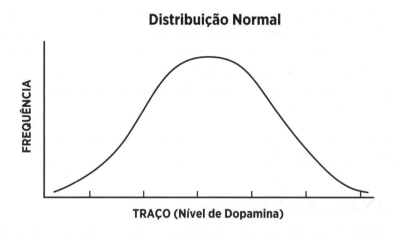

Muitos estímulos significativos em termos evolutivos atuam como reforçadores naturais, estimulando a dopamina em ambas as vias. Alguns são fatores ligados diretamente à nossa sobrevivência e descendência, como comer e fazer sexo, mas outros são mais sutis, como uma interação social agradável ou música (uma predecessora da linguagem). Qualquer um desses incentivos naturais empalidece em comparação com a potência de substâncias viciantes. Uma razão óbvia para o poder exagerado das drogas é que a transferência delas para o organismo está em nossas mãos. As endorfinas são compostos naturais que estimulam a liberação de dopamina e são a base para os efeitos das drogas opiáceas. Elas são sintetizadas e liberadas em resposta a uma ampla gama de sinais ambientais, incluindo exercícios, sexo, doces e até estresse. Em alguns casos, um surto de endorfina natural pode ser muito forte, mas não chega nem perto da inundação de produtos derivados de campos de papoula e bancadas de laboratório injetados por uma seringa.

Outro aspecto envolvido nessa questão é o tempo. Estímulos naturais aumentam a atividade do sistema mesolímbico ao recrutar produtos químicos em uma cascata de mudanças neurais que vão surgindo de modo gradual, em geral após alguns minutos. Já as drogas injetadas pelos adictos no organismo, por outro lado, são absorvidas rapidamente e têm ação direta, provocando reações quase instantâneas nos níveis de neurotransmissores, incluindo a dopamina. A diferença é semelhante à que existe entre um alvorecer e ligar um holofote. O intervalo entre exposições às drogas é antinatural também em um sentido evolutivo: decidimos quando buscá-las nas lojas ou nos traficantes, então a dosagem é mais frequente e confiável quando comparada a estímulos naturais, e provavelmente muito mais regular do que a disponibilizada por nossa história evolutiva.

Normalmente, quanto mais previsível e frequente a dosagem, mais viciante será uma droga.

## As Três Leis da Psicofarmacologia

Por definição, droga viciante é aquela que estimula a via mesolímbica, mas existem três axiomas gerais em psicofarmacologia que também se aplicam às drogas:

1.  Todas as drogas agem alterando a taxa das substâncias já em circulação.
2.  Drogas têm efeitos colaterais, todas elas.
3.  O cérebro se adapta a todas as drogas que o afetam, agindo de maneira contrária aos efeitos delas.

A primeira lei afirma que as drogas não podem fazer nada de novo, pois só funcionam porque interagem com as estruturas cerebrais existentes. Podem acelerar ou diminuir a atividade neural em andamento — e isso é tudo. Toda droga tem uma estrutura química (uma forma tridimensional) que é complementar a certas estruturas no cérebro e produz seus efeitos interagindo com essas estruturas. Por exemplo, drogas como nicotina, delta-9-THC (o princípio ativo da maconha) e heroína funcionam porque substituem os neurotransmissores acetilcolina, anandamida e endorfina, respectivamente, interagindo nos receptores locais já construídos para interagir com esses neurotransmissores. Drogas exógenas (produzidas fora do corpo) muitas vezes funcionam dessa maneira porque seus formatos replicam os neurotransmissores endógenos (produzidos dentro do corpo).

A segunda lei é que todas as drogas têm efeitos colaterais. Isso ocorre porque, ao contrário dos neurotransmissores normais, as drogas não penetram no organismo e alcançam diretamente circuitos ou células específicas. Elas, em geral, o fazem a partir do sangue e são encontradas em concentrações razoavelmente uniformes em todo o sistema nervoso. Por exemplo, a serotonina é um neurotransmissor envolvido (bem como outras substâncias químicas endógenas) em muitos comportamentos diferentes, como dormir, agredir, fazer sexo, comer e estado de humor. A serotonina liberada durante o funcionamento normal do cérebro é direcionada para células específicas em ocasiões específicas, dependendo se é hora de dormir, lutar, comer e assim por diante. Porém, drogas que aumentam ou atenuam o nível de serotonina agem em todas essas ocasiões de forma simultânea e não em circuitos específicos. Portanto, tomar uma droga para modificar o humor significa também sofrer os efeitos colaterais em outros comportamentos motivados, como dormir e praticar sexo.

A terceira lei, a mais interessante, é especialmente relevante no caso do vício. Diz respeito à resposta do cérebro às drogas (de modo contrário a como as drogas agem no cérebro). Falarei muito mais sobre isso no Capítulo 2, mas por enquanto vale notar que a relação entre drogas e cérebro é bidirecional. O cérebro não é apenas um receptor passivo da ação das drogas, ele responde aos efeitos provocados por elas. A administração recorrente de qualquer droga capaz de influenciar a atividade cerebral leva o cérebro a se adaptar a fim de *compensar* as mudanças associadas à droga.

A título de ilustração, me considero completamente limpa apesar de minha paixão por café. Como a maioria dos apreciadores, tomo café porque gosto dos efeitos estimulantes da cafeína, que age no cérebro acelerando uma parte do sistema nervoso envolvido na excitação. Antes de me tornar uma fã dessa bebida, achava que abria os olhos pela manhã e me sentia praticamente acordada. Levava alguns minutos para ficar totalmente alerta, mas meu sistema nervoso, em sintonia com os ritmos circadianos, era acionado por seus próprios mecanismos de despertar como uma forma eficaz de começar dia. Já não é esse o caso. Hoje preciso de café para me sentir normal de manhã, e no lugar dele só algo como uma locomotiva invadindo o quarto me faria atingir o estado de plena prontidão mental. Isso porque meu cérebro se adaptou à inundação de cafeína todas as manhãs e suprimiu a excitação natural associada com saudar um novo dia. Em vez de me sentir normal antes do café e bem acordada depois, agora me sinto letárgica antes dele e só começo a me aproximar da normalidade com a segunda xícara.

Essa mudança em meu comportamento reflete os estados de tolerância (precisamos cada vez mais da droga para obter seus efeitos) e dependência (sem a droga, sentimos sintomas de abstinência). A terrível verdade para todos aqueles que adoram produtos químicos que alteram a mente é que, se eles são usados com regularidade, o cérebro sempre se adapta para compensar. Um viciado não toma café porque está cansado; está cansado porque toma café. Bebedores costumeiros não tomam seus drinques para relaxar depois de um dia agitado; o dia deles é repleto de tensão e ansiedade porque bebem muito. A heroína produz euforia e bloqueia a dor em um usuário neófito, mas viciados não podem dar um basta ao hábito de consumir heroína porque sem ela sofreriam dores excruciantes. **A resposta do cérebro a uma droga é sempre facilitar o**

**estado oposto; portanto, o único caminho para qualquer usuário recorrente se sentir normal é ingerir a droga.** Ficar alto, quando acontece, é uma sensação cada vez mais curta, e sua utilização é apenas para protelar a descontinuidade do uso da substância.

Esse axioma se aplica a todos os efeitos resultantes do impacto de qualquer droga no cérebro — incluindo, é claro, a liberação de nossa velha conhecida dopamina. No início, a sensação produzida pelas drogas é agradável porque as moléculas da droga chegam ao cérebro e afetam o núcleo accumbens e outras estruturas no sentido de perturbar o estado de neutralidade sentimental. Mas para o cérebro, projetado para fazer o sistema retornar a seu ponto de ajuste homeostático, os jorros de dopamina são interpretados como prazer ou possibilidade de prazer. Tal consequência acaba por ser um fator que impele os usuários regulares a consumir a droga e, em paralelo, se constitui em um flagelo para eles, pois garante a perpetuação do vício, uma vez que, havendo a exposição repetida ao mesmo estímulo ao longo do tempo, há mudanças cada vez menores nos níveis de dopamina. Até que, por fim, a exposição a uma droga favorita resulta em praticamente nenhuma mudança na dopamina mesolímbica, o que leva a uma grande recusa, que experimentamos como um sentimento de decepção e desejo. Assim, a lei mais peremptória do uso de drogas é: não existe almoço grátis.

# 2
+ + +

## Adaptação

> Das atividades do cérebro, a principal é fazer mudanças nele mesmo.
>
> —Marvin L. Minsky, 1927–2016 (em *The Society of Mind,* 1986)

## Mudança Cerebral

Em seu último dia de vida, pouco antes de ser forçado a beber um frasco de veneno por ter desdenhado dos deuses oficiais do Estado e acusado de corromper a juventude, Sócrates não se furtou a um derradeiro diálogo com seus alunos. Esse ensinamento, relatado por Platão em *Fédon,* concentra-se principalmente na natureza da alma, mas inclui um comentário sobre a relação entre prazer e dor. Após um dos carcereiros remover suas correntes, Sócrates teria dito: "Quão singular é essa coisa chamada prazer, tão curiosamente relacionada à dor, que pode ser pensada como sendo o oposto dela... quem vai atrás de qualquer um deles é geralmente obrigado a levar o outro. Eles são dois, e ainda assim crescem juntos de um só tronco ou ramo." Essa observação filosófica, registrada por volta de 350 a.C., antecipa os insights experimentais de Claude Bernard, fisiologista francês do século XIX. Credita-se a ele a primazia de notar que a mudança entre estados biológicos opostos permite que nossos corpos mantenham a estabilidade em face da ruptura — seja lá o que for, desde uma mudança repentina no tempo até uma nota baixa em uma prova ou uma morte na família.

Bernard era um cientista tão determinado que aceitara um casamento arranjado porque o dote de sua esposa lhe possibilitava financiar seus primeiros experimentos. Ele já havia publicado vários estudos inovadores em meados da década de 1850, quando elaborou uma teoria cujas implicações para nossa compreensão da fisiologia do vício são amplas, e especialmente relevantes. Bernard observou que "a estabilidade do ambiente interno [*milieu intérieur*, em francês] é a condição para a vida livre e independente".[1] Enfrentamos um fluxo contínuo de desafios ao *milieu intérieur,* acrescentou, notando que, em cada caso, "a todo momento", mantemos um equilíbrio dinâmico, essencialmente um *milieu intérieur* estável, alcançado mediante constantes ajustes.

Cerca de oito anos mais tarde, Walter Cannon, um fisiologista norte-americano que cunhou a expressão tão cheia de significado "lutar ou fugir", popularizou as ideias de Bernard em um livro intitulado *A Sabedoria do Corpo*.[2] Nele, Cannon descreve a tendência ao equilíbrio como função de um processo a que chamou de homeostase. Demorou mais 50 anos para que Richard Solomon, um psicólogo experimental, trabalhando na Universidade da Pensilvânia, esclarecesse como a homeostase se aplica aos sentimentos e então pavimentou o caminho para nossa atual compreensão do vício.

Em parceria com seu aluno John Corbit, Solomon sugeriu que todo e qualquer estímulo que perturbe o modo como nos sentimos é ativamente neutralizado pelo sistema nervoso, a fim de retornar à homeostase. O estímulo pode vir de uma droga, mas também de uma notícia boa ou ruim, de se apaixonar ou saltar de paraquedas. Em sua "teoria do processo oponente", Solomon e Corbit argumentaram que os estados de sentimento são mantidos em torno de um "ponto de ajuste", tal como a temperatura corporal e o balanço hídrico. Na proposta deles, qualquer sentimento, incluindo "bom", "ruim", "feliz", "deprimido" ou "animado", por exemplo, representa uma ruptura do estado de sentimento estável que percebemos como "neutro". Especificamente, a teoria do processo oponente postula que **qualquer estímulo que altere o funcionamento do cérebro de modo a afetar a maneira como nos sentimos provocará uma resposta do cérebro que é exatamente oposta ao efeito do estímulo.** Como Newton poderia colocar de maneira sucinta: todos aqueles que sobem, necessariamente descem.

Digamos que nosso cérebro detecte um estímulo externo que resulta em sentimentos agradáveis ou desagradáveis. Segundo Solomon e Corbit, em ambos os casos o cérebro responde neutralizando esses sentimentos. Por exemplo, suponha que você fez um exame médico que indicou câncer. É muito provável, em tal situação, que os sentimentos iniciais de pânico ou desespero deem lugar a um estado geral de preocupação à medida que você lida com uma série de implicações. Estes sentimentos menos intensos perduram enquanto os resultados do exame parecem ruins. Contudo, se as coisas mudarem e uma biópsia revelar que houve um falso positivo, em vez de retornar a seu estado original você provavelmente experimentaria um período de júbilo — na verdade, uma imagem espelhada do desespero que você sentiu. Esse padrão de mudança na experiência afetiva é provocado por qualquer evento que force o cérebro a ir além de seu ponto de ajuste neutro.

Embora não seja usual termos consciência da homeostase afetiva no trabalho, a maioria de nós reconhecerá esse padrão nas sensações envolvidas com a paixão. À medida que você "se apaixona", é comum experimentar mudanças afetivas dramáticas porque essa situação extremamente prazerosa reveste de uma alegria exuberante até mesmo experiências rotineiras. No início de um caso de amor, o padrão de atividade cerebral registrado por uma ressonância magnética é praticamente indistinguível daquele que mostra os efeitos da cocaína.[4] Por fim, nos adaptamos a esse estado de felicidade e voltamos a colocar os pés no chão. Ainda que o estímulo (nosso parceiro romântico) esteja ali presente, as coisas parecem apenas boas — um novo normal. Mas se ele quiser dar um tempo ou optar pelo rompimento definitivo, um "processo oponente" resulta em um coração partido. Meses ou anos podem se passar — a depender da intensidade e duração da parceria — até que volte a um estado de neutralidade sentimental.

Ter um ponto de ajuste é significativo, pois permite a interpretação de que há um fluxo de entrada incessantemente variável. Sentimentos ininterruptos, em qualquer direção, afetam nossa capacidade de percepção, impedindo-nos de responder a novas informações, o que obriga o sistema nervoso a impor a transitoriedade. Isso significa que, caso ocorra algo realmente maravilhoso — você conhecer a princesa ou o príncipe encantado — a exaltação não perdurará. Por outro lado, mesmo a mais terrível calamidade não implicará em desespero perpétuo. Essa é uma verdade também para estímulos mais mundanos: todos podemos nos decepcionar com alguma coisa após voltar para casa depois de uma ótima viagem de férias, ou sentir um profundo alívio após escapar de um quase acidente no caminho de volta.

Não deixa de parecer curioso, e certamente inconveniente, o fato de o cérebro neutralizar um sinal, em vez de deixá-lo desaparecer lentamente, produzindo seu próprio sinal na direção oposta. Para ajudar a avaliar a necessidade de tal procedimento, imaginemos um mundo alternativo onde as terças-feiras são designadas como "Dia Feliz" e todas as pessoas têm seus estados emocionais artificialmente aguçados toda semana. Embora sem dúvida esperássemos ansiosos por aquele dia, eventos que precisassem de nossa atenção provavelmente seriam postos de lado ou ignorados às terças-feiras. Suponha que uma criança seja ferida ou um fenômeno climático se torne uma ameaça à vida na terça-feira. Estar em êxtase uma vez por semana pode ser um convite à extinção. Manter-se em estados depressivos carrega consigo um risco análogo. Não seríamos capazes de detectar ou agir em relação a potenciais oportunidades estando em um estado de desespero crônico.

A informação é captada, transmitida e percebida pelas células cerebrais em termos de contraste com a atividade — que é fixada em um nível característico (uma espécie de "assinatura") —, cuja resposta pode ser retardada (inibida) ou acelerada (excitada). O resultado com relação aos sentimentos é de estabilidade no longo prazo — ainda que não sejam estáticos. Embora pessoas diferentes possam ter pontos de ajuste distintos, para qualquer indivíduo o estado neutro é mantido de forma robusta durante toda a vida. Crianças despreocupadas tendem a ser adultos contentes, e os pessimistas geralmente permanecem assim, quaisquer que sejam suas circunstâncias.

O fato de que nossos estados de sentimento estão submetidos a um confinamento tão estreito tem implicações importantes para os usuários de drogas, mas antes de tratarmos delas, pode ser interessante lembrar as poucas exceções a essa tendência geral. Vítimas de AVC com danos em regiões corticais específicas (em especial no hemisfério direito), ao longo da vida, podem passar de pessimistas para otimistas (ou o contrário, se o hemisfério esquerdo foi comprometido). Outras doenças, como o Alzheimer, podem produzir mudanças igualmente dramáticas. No entanto, para os usuários regulares de drogas, a estabilidade afetiva torna impossível manter um uso elevado e crônico de estimulantes como a cocaína ou a metanfetamina, que podem na verdade modificar o ponto de ajuste afetivo. Infelizmente para os usuários, essa alteração está sempre na direção "errada", resultando em desordens no estado de humor.

## Homeostase

Além de servir como sensor, detector de contraste e coordenador de respostas às perturbações ambientais, o SNC tem a admirável capacidade de alterar a si mesmo a fim de se adaptar às informações ambientais. **De fato, a habilidade do cérebro de responder dinamicamente aos estímulos ambientais, e até de antecipá-los (mais detalhes adiante), é sua característica mais peculiar.**

Os neurobiólogos se referem à capacidade de modificação do cérebro como "plasticidade", algo que tem sido objeto de intensas pesquisas.[*] A mudança persistente em resposta à informação ambiental é chamada de aprendizagem, e todos os organismos com um SNC — das baratas ao Dalai Lama — aprendem. As memórias, que são as pegadas deixadas pelo aprendizado, servem para Joe como fuga do terror e tédio de sua consciência desamparada em uma cama de hospital em *Johnny Vai à Guerra*. São também, por assim dizer, a causa neural do vício.

O aprendizado associado ao vício começa na primeira exposição a uma droga. Então, quem já experimentou alguma droga se sujeitou também à capacidade adaptativa do cérebro. A adaptação começa de imediato e compromete, por exemplo, uma noite de sono depois de beber,

---

[*] O termo "plasticidade" é utilizado pelos neurocientistas para referir-se à capacidade do cérebro de modificar sua estrutura e função. Embora as mudanças sejam sempre possíveis (isto é, há no cérebro certa plasticidade até o dia em que morremos), elas são mais prováveis durante os períodos de desenvolvimento rápido, mais ou menos até os 25 anos de idade.

bem como a sensação de desconforto geral no dia seguinte, típica de uma ressaca. Repercussões como essas ocorrem porque as células cerebrais, ao neutralizar os efeitos atenuantes da ação de algumas bebidas, ficam mais excitadas do que o normal. Acontece então que, no dia seguinte à bebedeira, a iluminação normal parece muito brilhante e a sensação de ansiedade supera a de relaxamento. Neste exemplo, os efeitos da adaptação geralmente duram menos de 24 horas.

O termo "taquifilaxia", que significa "tolerância aguda", refere-se às mudanças adaptativas e compensatórias que começam assim que o álcool atinge o cérebro. Uma vasta e um tanto enigmática literatura envolvendo a taquifilaxia tem uma implicação prática que, se fosse amplamente conhecida, poderia se constituir em um argumento consistente para os advogados de defesa de motoristas flagrados dirigindo alcoolizados. O que acontece é que, devido à taquifilaxia, há um aspecto autêntico e interessante na relação entre o nível de álcool no sangue e o comprometimento.

Quando alguém toma um drinque, o nível de álcool no sangue se eleva conforme essa droga vai sendo absorvida pelo sistema digestivo. Nesse meio tempo, no fígado, o álcool é decomposto (metabolizado) a uma taxa constante. Assim, o balanceamento entre a absorção no sangue e o metabolismo no fígado determina a concentração no cérebro. Uma descrição gráfica das mudanças na concentração de álcool ao longo do tempo durante um consumo acentuado resultaria em uma figura semelhante a um U invertido. Até aqui nenhuma surpresa, porém ocorre que os efeitos do álcool dependem sobremaneira de as concentrações sanguíneas aumentarem ou diminuírem. Se fôssemos investigar o comprometimento em dois momentos distintos com concentrações *idênticas* de álcool no mesmo indivíduo, um na linha ascendente e outro na linha descendente da curva, diferenças dramáticas ficariam evidentes.

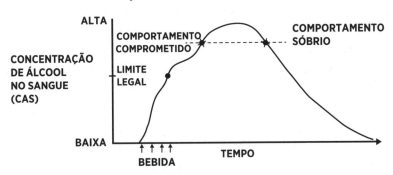

Durante o trecho de subida da curva, a ingestão da bebida provoca prazer em função da ativação mesolímbica. Ao mesmo tempo, as deficiências motoras, como o andar cambaleante e a lentidão da fala, tornam-se cada vez mais pronunciadas. Mais tarde, quando os níveis de álcool estão diminuindo, tanto o prazer quanto os danos motores são bastante reduzidos.

Pesquisadores investiram bastante tempo e esforços estudando essas mudanças e descobriram que as adaptações com relação à tolerância ocorrem com todas as drogas que afetam o sistema nervoso, e com rapidez semelhante. Praticamente no momento em que uma droga começa a agir no cérebro, este passa a se adaptar — no intuito de neutralizar — essa ação. Assim, há uma boa razão para argumentar que, apesar de uma CAS (concentração de álcool no sangue) elevada, uma vez estando em um estado de taquifilaxia, você está realmente apto a dirigir. Boa sorte para persuadir o juiz!

Neste exemplo, vemos que a tolerância resulta de uma única sessão, mesmo em poucos minutos de exposição. A nicotina é outro exemplo clássico de tolerância aguda. O primeiro cigarro do dia é o melhor porque depois que os locais específicos do cérebro em que ocorrem os efeitos da nicotina foram ativados, eles se tornam insensíveis às exposições subsequentes.

O cérebro aprende se adaptando a todas as drogas que afetam sua função. Algumas dessas mudanças são relativamente transitórias, como a taquifilaxia em uma pessoa que bebe ocasionalmente, mas como o aprendizado fica mais intenso com a repetição, a exposição crônica a uma droga resulta em alterações mais duradouras. Para alguns medicamentos, como os antidepressivos, a adaptação é na verdade a questão terapêutica. Desenvolver a tolerância aos inibidores seletivos da recaptação da serotonina (ISRSs) pode ajudar a mudar um "ponto de ajuste" afetivo patológico, de tal maneira que ficar deprimido não seja mais o estado normal do paciente. Para o abuso de substâncias, contudo, essas mudanças são um verdadeiro empecilho. À medida que o cérebro se adapta a uma droga consumida de forma abusiva e ela se torna menos eficaz na estimulação da transmissão de dopamina, o usuário precisa tomar mais para produzir a mesma sensação. Na vã tentativa de replicar as experiências iniciais, um adicto que administra repetidamente a droga apenas provoca mais e mais adaptação. O vício em cocaína é representativo desse estado desesperado: os viciados se sentem compelidos a usar, a despeito de muitas vezes terem pleno conhecimento dos tremendos custos sociais, econômicos e pessoais. Se a abstinência, para os circuitos mesolímbicos bem adaptados do usuário, parece pouco inspiradora e nada atraente, tampouco um pico de cocaína deixa o adicto "ligadão" quando o termo de comparação está abaixo do normal. No fim das contas, o melhor que o viciado pode esperar é o alívio transitório do desespero crônico.

## Um Modelo de Trabalho

Em certa ocasião, quando eu dava uma breve palestra sobre o processo oponente de Solomon e Corbit a um grupo de estudantes do ensino médio, um jovem se levantou da cadeira de repente e exclamou: "Isso muda a minha vida!" Compartilho seus sentimentos e desejo que tudo o que nos for ensinado possa ser tão gratificante. Essa teoria também é cientificamente importante porque definiu em grande parte o rumo pelo qual os cientistas pensam e estudam o vício.

O essencial da teoria é descrito nas figuras a seguir. Solomon e Corbit usam os termos "Estado A" e "Estado B" para se referir a experiências afetivas opostas. Os sentimentos produzidos por um estímulo são capturados no Estado A, e o repique causado pela tentativa de retorno ao estado neutro é representado no Estado B. Dependendo do estímulo inicial, o Estado A pode ser agradável ou desagradável, mas o Estado B é sempre o oposto. A princípio, há uma grande mudança, que é temperada pela adaptação, mas permanece na zona A até que o estímulo seja interrompido, quando então experimentamos o estado oposto (pense na resposta ao álcool). Nossa experiência, mostrada na linha sólida, envolve dois processos neurais completamente distintos. O *processo "a"* é a resposta neural ao estímulo. Se estamos falando sobre o uso de drogas, podemos pensar no *processo "a"* como o que a droga faz no cérebro. Grandes doses produzem grandes *processos "a"* e estímulos prolongados produzem *processos "a"* duradouros. Porém, para cada *processo "a"* há um *processo "b"*. O *processo "b"* é a resposta do cérebro ao *processo "a"*, ou a resposta do cérebro ao que a droga provoca nele, em contraposição às alterações na atividade neural produzida pelo estímulo, em um esforço para trazer de volta a atividade neural para o estado homeostático, neutro.

Quando o cérebro é inicialmente exposto a um estímulo, o *processo "a"* não é atenuado por mecanismos cerebrais compensatórios, e o Estado A é experimentado em sua plenitude. Porém, conforme o *processo "b"* é acionado, o Estado A é amortecido. Esse arranjo leva a uma experiência inicial de pico seguida por um nivelamento. Enquanto o *processo "a"* é um reflexo direto do estímulo e é sempre o mesmo se o estímulo for o mesmo (um certo número de doses de álcool ou miligramas de heroína, por exemplo), isso não acontece com o *processo "b"*, compensatório. Gerado por um sistema nervoso poderosamente adaptativo, o *processo "b"* aprende com o tempo e a exposição. Encontros repetidos com o estímulo resultam em *processo "b"* mais rápidos, maiores e mais duradouros, que são mais capazes de manter a homeostase ante a disrupção. Além disso, o *processo "b"* só pode ser provocado por estímulos ambientais que sugerem que o *processo "a"* está chegando — o que aconteceu com os cães de Pavlov, que aprenderam a salivar mesmo quando a comida não estava à vista.

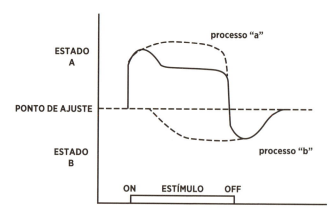

Nossa experiência (linha sólida) é o efeito combinado da droga (*processo "a"*) e a resposta em sentido oposto do cérebro à droga (*processo "b"*).

Não tenho tatuagens, mas da minha pequena lista, se um dia resolver fazer uma, escolherei uma figura como a mostrada a seguir, também copiada do estudo seminal de Solomon e Corbit que ilustra as mudanças que ocorrem no *processo "b"* em decorrência da adaptação. Note como a experiência do estímulo é drasticamente alterada, de modo que agora mal há uma excitação sensorial [registrada pela pequena elevação da curva sólida acima do ponto de ajuste]. Sob vários aspectos, essa figura é o cerne teórico do entendimento científico sobre o vício e está no centro das considerações deste livro, pois descreve o processo pelo qual a droga passa a funcionar principalmente para evitar a abstinência e o desejo diante da poderosa capacidade do cérebro de contrabalançar a perturbação. Também explica por que os estados de abstinência e desejo por qualquer droga são *sempre* exatamente opostos aos efeitos da droga. Se uma droga faz com que você se sinta relaxado, abstinência e desejo são sentidos como ansiedade e tensão. Se uma droga o ajuda a acordar, a adaptação inclui letargia; caso reduza as sensações de dor, o sofrimento será seu calvário.

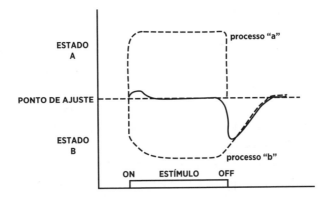

Em decorrência da adaptação após o uso habitual de drogas, o processo oponente se torna mais rápido, forte e duradouro — levando a uma redução na experiência subjetiva (tolerância), e a abstinência e desejo na ausência da droga.

Meus alunos de pós-graduação logo apontam um aspecto menos conhecido do modelo de Solomon e Corbit: se você quer alcançar um estado positivo sustentável, pode se submeter a experiências carregadas negativamente. Dessa forma, o processo oponente seria positivo. Solomon e Corbit argumentam que tal padrão pode estar presente em uma atividade como o paraquedismo. Saltar de um avião a vários milhares de metros de altura produz sensações intensas de excitação e pânico, até mesmo os sentimentos associados à morte iminente. Isso provavelmente duraria por muito tempo enquanto a pessoa estivesse no ar e, sobretudo, por toda a "queda livre". Quando acaba o estímulo e os pés estão miraculosamente plantados em terra firme, não só o pânico se foi, mas, de acordo com os amadores, a sensação é de estar inundado de extrema calma e bem-estar. O alívio de quem passa por uma experiência de intenso estresse como essa pode fazer tudo valer a pena. Talvez isso ajude a explicar por que as pessoas se esforçam para se exercitar ou fazer pós-graduação.

Tolerância, abstinência e desejo — as impressões digitais do vício — são os rastros deixados como consequências do *processo "b"*. A tolerância ocorre porque precisa-se de mais droga para produzir um *processo "a"* capaz de superar um *processo "b"* cada vez mais forte. Já a abstinência se dá porque o *processo "b"* dura mais que os efeitos da droga. O desejo, por sua vez, é praticamente uma certeza porque qualquer sinal ambiental associado à droga pode desencadear um *processo "b"* que só pode ser amenizado saciando a vontade de consumir a droga. Isso é algo que pode acontecer durante um encontro com amigos, no decorrer de períodos de estresse, ou até mesmo no despertar, caso esta seja a ocasião na qual se está habituado a começar o uso; em determinados contextos, como bares ou reuniões familiares; ou na presença de objetos e pessoas que remetam ao uso, como colheres, traficantes e dinheiro no bolso, que é uma das razões pelas quais sentimentos intensos de desejo continuam frustrando a recuperação. Até hoje, e aparentemente do nada, um certo calor e umidade do ar ou um tipo específico de música contrai minha boca, como que antecipando a dose de tequila.

Em outras palavras, o cérebro é tão bem organizado para neutralizar perturbações que se vale de suas excepcionais habilidades de aprendizagem para antecipar disrupções em vez de esperar pelas mudanças em si, e para começar a atenuar os efeitos das drogas antes que a droga tenha sido consumida. Suponha que nas sextas-feiras após o trabalho, há anos você vá com os amigos a um bar da vizinhança para tomar alguns drinques. Acontece que a previsibilidade dessa rotina leva a mudanças em sua experiência. Para começar, o álcool terá menos efeito sobre você naquele lugar e hora em particular, assim como na companhia desses amigos específicos, do que teria em outro lugar. Se mudasse os planos e fosse para uma festa, ficaria mais intoxicado com a mesma quantidade de bebida.

A noção de que as sugestões ambientais induzem o desejo é reconhecida há muito tempo. Em meados do século XIX, Robert Macnish, um cirurgião escocês, comentou em seu livro *The Anatomy of Drunkenness*[5] [*A anatomia da Embriaguez*, em tradução livre] o que aprendera observando alguns de seus pacientes alcoólatras:

> O homem é em grande parte uma criatura de hábitos. Ao beber regularmente em certas ocasiões, sente o desejo por bebidas alcoólicas quando tais ocasiões se repetem — como após o jantar, imediatamente antes de ir para a cama ou qualquer outra que

seja recorrente. Isso acontece até em certas companhias, ou em uma taberna particular na qual ele tem o costume de fazer suas libações.

Então, voltando à cena dos bares de hoje: imagine que você está tomando antibióticos e planeja não beber naquela noite. Foi um bom dia, você está com ótimo astral ao entrar no bar, antecipando uma noite agradável com os amigos. Porém, são grandes as chances de que seu bom humor se dissipe e a tensão e a irritabilidade aumentem. As visões, sons e cheiros do bar provocaram o *processo "b"*, e sua noite sóbria provavelmente incluirá sensações de desejo e abstinência.

Hoje em dia, os programas de tratamento dão muita atenção às recaídas induzidas por estímulos. Nos anos 1970, as comunidades terapêuticas eram uma estratégia comum de tratamento. Os adictos poderiam ser transplantados para um contexto totalmente distinto — digamos, uma fazenda de criação de cabras no interior —, onde viveriam, sóbrios, por vários meses ou mesmo anos, longe de suas casas na cidade. Quando deixassem a comunidade, eles se sentiriam livres do desejo pernicioso de usar, e junto com seus conselheiros e familiares, todos otimistas, poderiam retomar suas vidas anteriores. As coisas costumavam correr bem por algum tempo, até que um encontro casual com um amigo antigo — ou uma passadinha pelo bar favorito ou a visão de uma agulha hipodérmica no consultório médico — provocasse um *processo "b"*, precipitando uma recaída "inexplicável".

Os tratamentos mais modernos adotam uma estratégia quase oposta à pastoral (a menos, é claro, que o uso de drogas ocorresse principalmente na zona rural). Após passar pelo processo de desintoxicação e obter alguma estabilidade no humor e fisiologia (em geral após várias semanas limpo), o adicto é deliberadamente exposto a sinais que costumavam coincidir com o uso, mas desta vez em um contexto terapêutico de apoio. No início, maços de dinheiro, visualizar o conteúdo líquido de uma seringa ou experimentar um dia decepcionante provavelmente produzirão profundos efeitos fisiológicos e psicológicos, como alterações na frequência cardíaca, temperatura corporal e humor. Mas com a exposição repetida (e sem entrega de droga), tais respostas indicativas do *processo "b"* começam a se dissipar e eventualmente desaparecer. Assim, conforme o cérebro vai se adaptando, é possível extinguir um desejo ao longo do tempo, mas desta vez neutralizando o poder das sugestões.

## O Vício é uma Consequência do Funcionamento Normal do Cérebro

O vício difere em muitos aspectos de uma ampla categoria de doenças, fato cuja avaliação me tomou vários anos. Embora acreditasse — e continue acreditando — que se trata de um distúrbio cerebral, não é como ter um tumor ou Alzheimer, que podem ser diagnosticados de modo definitivo pela identificação de alterações celulares específicas. Diabetes ou colesterol alto são ainda mais fáceis de constatar — por meio de um simples exame de sangue —, e a obesidade é determinada pelo índice de massa corporal. Por outro lado, não existem testes claros para determinar se alguém é ou não um adicto, o que, além de tornar o diagnóstico inconcluso, dificulta os esforços para lidar com a doença. Se removermos o tumor ou outras estruturas anômalas, restaurarmos uma resposta apropriada à insulina ou perdermos peso suficiente, aquelas doenças podem de fato ser curadas. No caso do vício — na verdade uma desordem de pensamento, emoção e comportamento resultante da adaptação generalizada de múltiplos circuitos cerebrais — é improvável uma cura que vá além dos benefícios da remoção do peso das costas do usuário. A tenacidade do vício é tão evidente para os pesquisadores e clínicos quanto para os adictos. Estou limpa há mais de 30 anos e ainda não estou realmente interessada na moderação. Muitas vezes as pessoas perguntam se eu não gostaria de tomar uma taça de vinho ou tragar um baseado, mas não quero apenas um copo ou um cigarrinho de maconha; quero a garrafa inteira, um maço inteiro e mais um pouco de cada um. Segundo o Grateful Dead, "muito de tudo é apenas o suficiente", mas como foi para Jerry Garcia [o vocalista da banda], e aposto que é o caso de vários de nós, muito ainda não basta. Dizendo de outro modo: se por acaso alguém desenvolvesse uma pílula para curar minha natureza de viciada, eu tomaria duas e faria isso todos os dias.

Existem inúmeros fatores que contribuem para essa tendência ao excesso, contudo, em última instância, meu comportamento é extremo porque os estímulos (ou seja, as drogas) me impactaram muito mais fortemente do que os estímulos naturais. O sistema nervoso de um adicto está agindo de forma normal e previsível em resposta a esse dado de entrada consequencial, e a dependência é o resultado natural. Também não é provável que essa reação seja evitada por outra coisa que não seja impedir o aprendizado e a memória. No entanto, isso derrotaria o propósito, pois você só poderia ficar chapado se não estivesse ciente disso.

A ironia aqui cabe à maioria de nós. Viciados não usam regularmente porque são viciados; eles são viciados porque usam muito e regularmente. Os hábitos descuidados das pessoas ditas normais, que deixam os copos de bebida pela metade, aspiram uma ou outra carreira de pó em uma noite de sexta-feira ou ocasionalmente fumam um cigarro com os amigos são surpreendentemente diferentes dos hábitos dos viciados. Embora a adaptação ainda ocorra nesses usuários esporádicos, é praticamente imperceptível devido aos padrões irregulares e de baixa dose do uso.

Eu estava limpa havia quase dois anos quando fui admitida como voluntária no laboratório de meu professor de biopsicologia para obter alguma experiência em pesquisa. Parte do protocolo exigia a administração diária de uma droga experimental no peritônio — uma membrana que recobre os órgãos abdominais — de ratos. O procedimento padrão é colocar a cobaia gentilmente em uma mão, inserir a agulha com a outra e criar uma pressão negativa puxando levemente a agulha para garantir que a injeção não vá direto para o vaso sanguíneo. Pensava ter me livrado totalmente de quaisquer associações pessoais com agulhas, pois já havia realizado centenas de injeções nesse período no laboratório, mas um dia, quando puxei a agulha e ela trouxe um bocado de sangue, ouvi uma campainha nos ouvidos e um gosto na boca que eram característicos da cocaína entrando na *minha* veia. Isso aconteceu anos mais tarde, em um contexto completamente diferente, e naquele momento eu não tinha o mínimo desejo de usar, mas ver o sangue enchendo a seringa causou uma reação instantânea. Deixei meu colega terminar as injeções e voltei para meu dormitório, já recuperada e impressionada com o poder da memória.

# 3
+ + +

## Um Exemplo Muito Importante: THC

*Se o ano todo só fosse de feriados,*
*Como o trabalho, o esporte entediaria;*
*Mas, porque são frequentes, são bem-vindos.*
*Os acidentes raros sempre agradam.*

—William Shakespeare, *Henrique IV, Parte 1*

## A Droga de Escolha

A partir do momento em que me embebedei de vinho no porão da minha amiga, até ficar limpa e sóbria, não recusei uma única oportunidade de usar qualquer droga. É muito comum as pessoas me indagarem a respeito de uma "droga de escolha". Para mim, esse é um conceito ambíguo. Eu e uma multidão de gente usaremos praticamente qualquer coisa, dependendo das circunstâncias. Francamente, eu escolheria todas elas, às vezes em série, às vezes de uma só vez; não era exigente. Algumas de minhas escolhas eram tóxicas, outras idiotas ou sem sentido, e algumas absolutamente terríveis. Porém, se a pergunta fosse colocada desta forma: "Você está indo para uma ilha deserta onde passará o resto de sua vida e só pode usar uma substância; qual seria ela?" Sem hesitar, escolheria um fornecimento ilimitado de erva (e algumas sementes só por precaução). Certa vez uma amiga comentou que eu fumava os baseados acendendo o próximo com a brasa da guimba do anterior, e ela estava certa. Desde as primeiras e deliciosas bongadas [bong é uma espécie de narguilé de tamanho menor] da manhã até o "cachimbo da paz" [cigarro de maconha fumado em grupo] no final do dia, eu amava o sabor, o cheiro e os fabulosos efeitos da alienação que me separavam da confusão de ter que interagir com outras pessoas e cumprir as obrigações diárias, ao mesmo tempo em que a erva me emprestava a promessa de algo novo e cintilante em meio de um presente nada convidativo. Como antídoto contra o tédio, a droga tornava tudo mais interessante, e o tempo e o espaço se revestiam de prazeres, em vez de ameaças. Para uma pessoa introvertida como eu, gastar as horas chapada na praia procurando por conchas e ouvindo as ondas quebrando era maravilhoso, uma maneira totalmente cativante de passar o tempo.

Pode parecer ridículo, mas em muitos aspectos meu relacionamento com a maconha estava entre os mais puros e maravilhosos de minha vida. Desde o primeiro barato até bem depois de fumar meu último cachimbo, amei a maconha como a uma melhor amiga. Isso não é hipérbole. Algumas pessoas ficam sonolentas, outras paranoicas (sem dúvida devido a uma infeliz influência da neurobiologia e da genética), mas para mim ela era quase perfeita. Um dos meus momentos favoritos foi logo após voltar à consciência em um novo dia e, por um instante, ver a vasta desolação da vida diante de mim e então, de repente, perceber — assim como recém-casados podem se sentir entusiasmados e esperançosos com o cônjuge ao lado na cama — que eu poderia ficar chapada. As primeiras tragadas do dia foram reconfortantes, com o pó cinza da realidade sendo soprado e deixando à mostra a beleza e significado dos encontros cotidianos. Minha amante e eu, cúmplices, não tínhamos segredos, e até onde ia minha preocupação, não havia nada que pudesse se interpor entre nós.

Digo essas coisas de forma literal, e não faltam exemplos de comportamentos estúpidos, arriscados ou egoístas em que me envolvi para manter meu suprimento. Certa vez, durante um raro período de "seca", decidi abordar meu crescente sentimento de ansiedade com uma viagem à Nickeltown (assim chamada porque, por US$5, você poderia pegar um pequeno envelope com maconha suficiente para um ou dois baseados). Aquilo era, para mim, como um turista indo fazer compras em um mercado caro; eu sabia que seria explorada, porém, meio fora de mim, qualquer coisa era melhor do que nada. Chegando em meu apartamento, ávida, abri o pacote e encontrei *folhinhas de pinheiro em forma de agulha*. Furiosa, delirando, falando sozinha e acordando meus colegas de quarto (que tinham escolhido simplesmente beber para dormir), por fim decidi voltar para a cidade e dar um jeito nas coisas! Embora tivesse apenas 19 ou 20 anos e carecesse de recursos de ataque e defesa, tomada por indignação e desespero, fui até lá. Cheguei depois da meia-noite e as ruas estavam desertas (porque não havia nada para vender, suspeito agora, mas não consegui fazer essa conexão na época e só pude supor que alguém estava se escondendo). De qualquer maneira, estacionei em um cruzamento, liguei os faróis e apertei a buzina. As pessoas começaram a gritar de suas janelas, mas eu gritei de volta: "QUERO A MINHA ERVA!" Continuei por um tempo, até que pedras e garrafas começaram a amassar meu carro. Finalmente fui embora, fervendo por dentro e soluçando, inundada de raiva hipócrita, incapaz de ver além de minha própria necessidade. Aprendi com essa experiência que precisava providenciar um esconderijo para tais emergências.

## Por que Tão Especial?

Se o álcool é uma marreta farmacológica e a cocaína um laser (e de fato são), a maconha é um balde de tinta vermelha. Isso por ao menos dois motivos. O primeiro é sua conhecida capacidade de acentuar os atributos dos estímulos ambientais: a música é espantosa, a comida é deliciosa, as piadas são hilárias, as cores são vibrantes e assim por diante. A outra razão é que seus efeitos não são precisos nem específicos, mas modulatórios e generalizados. É um balde de 20 litros com um pincel de 10 centímetros pintando de cores berrantes todos os tipos de processamentos neurais. Ao contrário da cocaína, que atua em relativamente poucos e discretos pontos no cérebro, o THC (ou delta-9-tetrahidrocanabinol), o princípio ativo da maconha, atua em todo o cérebro e, em algumas regiões, em todas as conexões (que são trilhões). A constatação da amplitude do alcance dessa droga foi uma grande surpresa para os pesquisadores no início dos anos 1990). Nessa época eu era uma pós-graduanda, e as descobertas eram tão significativas que — tal como algumas pessoas lembram onde estavam e o que faziam quando Kennedy foi baleado ou as Torres Gêmeas desabaram — lembro-me exatamente de quando anunciaram que o receptor para THC fora clonado. Um receptor é a porção de proteína encontrada na superfície das células que, quando ativada por uma droga ou neurotransmissor, produz seus efeitos. Sem a proteína receptora, o fármaco não funcionaria. Mas as interações do THC com seu receptor, pelo menos no meu caso, tornavam a existência tolerável.

A primeira vez que fumei maconha pode ter sido a diversão mais autêntica de toda a minha vida. Ria até meu rosto e corpo doerem; tudo era absolutamente hilário, ainda que merecedor de profunda reflexão — o que poderia ser melhor? Uma amiga tinha conseguido um baseado de seu irmão mais velho, fumamos em uma casa abandonada a caminho do shopping. No início não senti nada, mas uns 20 minutos depois, bem quando entramos no shopping, a erva pegou as duas na mesma hora! Agora sei que essa demora acontece graças a proteínas de ligação semelhantes a esponjas que estão flutuando no sangue, para as quais as moléculas de THC são atraídas como ímãs; o cérebro não é afetado até que essas proteínas estejam totalmente saturadas. Assim que todos os locais de ligação são ocupados, o THC pode finalmente ser levado para o cérebro. Já ouvi que algumas pessoas não sentem nenhum efeito com a maconha. Embora em teoria seja possível, é extremamente improvável. O mais provável é que precisem fumar um pouco mais.

É claro que nosso cérebro não evoluiu para acionar todo esse mecanismo de produção dessas proteínas receptoras complicadas, gastando energia para espalhá-las, só quando alguém nos oferece um baseado. Assim, os aparentes efeitos generalizados do THC levaram os pesquisadores a ir em busca do transmissor endógeno que o THC devia estar mimetizando. Mas procurar por um transmissor é como procurar um conhecido quando não se tem certeza de em que bairro, cidade ou estado ele vive. Receptores, como residências, são mais fáceis de encontrar porque são maiores e não costumam ficar circulando por aí.

Então, primeiro tivemos que localizar o receptor, e para fazer isso os pesquisadores anexaram um marcador radioativo nas moléculas de THC e as injetaram em um rato. Após o tempo suficiente para a droga se distribuir, o animal foi sacrificado de forma humanizada e fatias muito finas de tecido cerebral foram fixadas em lâminas e enxaguadas completamente, de modo que apenas o THC que estava associado a um receptor permanecesse; toda a droga dispersa ou livre foi removida. Para surpresa de todos, o THC estava interagindo com receptores em todo o cérebro — no córtex, que é a estrutura envolvida no processamento de informações e outros tipos de pensamento e consciência, mas também em muitas estruturas subcorticais mais profundas, relacionadas à emoção e à motivação. Havia diferenças na densidade dos receptores, com algumas áreas apresentando menos locais de interação, mas em outras as ligações eram tantas que as deixavam praticamente opacas.[1]

Esta talvez tenha sido a primeira descoberta (de muitas que vieram depois) que demonstra as características únicas do sistema endocanabinoide (palavra que significa cannabis endógena). Se fizéssemos o mesmo experimento com a cocaína, encontraríamos muito menos lugares onde a droga estaria presa, e sua distribuição seria muito mais esparsa. Mesmo o sistema opioide, que é incrivelmente rico e complexo (e utilizado por todas as drogas, como heroína, oxicodona e morfina), não é nem de longe tão denso e amplamente distribuído quanto os caminhos endocanabinoides.

**Receptores CB$_1$**

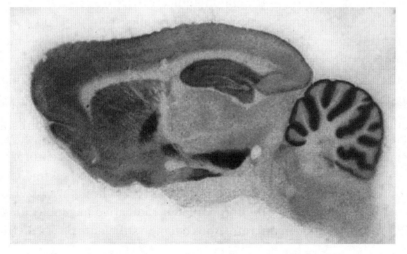

O THC atua em todo o cérebro, em trilhões de sinapses, interagindo com receptores $CB_1$ marcados nas zonas escuras.

Meus colegas de laboratório e eu pensamos que havia algum erro no ensaio. Como os receptores dessa droga poderiam estar espalhados por toda a superfície do cérebro, além de em praticamente todas as estruturas subcorticais? E, mais importante, qual era o composto natural semelhante ao THC e qual era sua função?

A pesquisa ainda está em andamento e, como o campo é relativamente novo, continua sendo estimulante, mas sabemos que os estudos iniciais de ligação estavam corretos: o THC modula a atividade em um grande número de sinapses, e em quase todas as estruturas cerebrais. Seu receptor primário no cérebro é chamado $CB_1$ para o receptor canabinoide 1. A ampla e densa distribuição dos receptores $CB_1$ tem profundas implicações. Em vez de produzir efeitos específicos — como faz a dopamina, por exemplo, ao sinalizar algo novo e estimular o movimento —, seja lá o que for que ative o $CB_1$, provavelmente teria efeitos gerais, influenciando a neurotransmissão por todo o cérebro. Mas antes que pudéssemos provar isso, tivemos que aprender mais sobre todo o sistema canabinoide.

A primeira substância química natural encontrada no cérebro para ativar o receptor foi denominada anandamida, que é uma palavra em sânscrito que significa "bem-aventurança". O outro endocanabinoide primário é o 2-AG (ou 2-araquidonoilglicerol). Os transmissores canabinoides e sua transmissão no cérebro são atípicos. Por um lado, os neurotransmissores clássicos são armazenados em vesículas (bolsas membranosas) e liberados das extremidades terminais das células nervosas (neurônios), de onde se difundem por um pequeno espaço chamado sinapse e interagem com receptores em uma célula adjacente. Em contraposição, anandamida e 2-AG se comunicam na direção oposta, difundindo-se "rio acima" através da sinapse para transmitir informações do receptor para a célula emissora. Ao alcançar seu alvo, os receptores $CB_1$ na superfície da primeira célula, passam a agir, o que essencialmente altera a relação sinal/ruído, de modo que a mensagem transmitida pelos neurotransmissores clássicos nessa sinapse ganha mais importância.

A influência dos endocanabinoides ainda está sendo cuidadosamente investigada, e os detalhes, para dizer o menos, são complexos; porém, em minha visão da literatura existente, a anandamida e o 2-AG agem como uma espécie de ponto de exclamação na comunicação neural, indicando que qualquer mensagem transmitida via sinapse é importante.

O que todo esse trânsito intracelular tem a ver com nossa experiência? Em meados da década de 1970, nos EUA, especialmente em ambientes de subúrbio como o meu, os shoppings eram o único lugar em que era possível encontrar autonomia se você fosse criança. Minha amiga e eu estivemos lá muitas vezes, então tenho certeza de que nossa experiência esmagadora de prazer e alegria nada teve a ver com o ambiente inteiramente previsível. No entanto, parecia que sim! Os sons e visões eram incrivelmente estimulantes: lojas de departamento comuns transformavam-se em belos parques de diversões, e os cheiros na praça de alimentação eram maravilhosos. A certa altura, nos sentindo repentina e terrivelmente famintas, entramos em uma pizzaria, e dizer que aquela foi a melhor fatia de pizza da minha vida é um eufemismo. Estava profundamente deliciosa! Tudo era muito melhor que o normal.

Parece que a anandamida e compostos similares evoluíram junto com o receptor $CB_1$ para modular a atividade normal, realçando a importante neurotransmissão. A atividade normal do cérebro, como já discutimos, faz a mediação de todas as nossas experiências, pensamentos, comportamentos e emoções. O sistema canabinoide ajuda a classificar nossas experiências, indicando quais são as mais significativas ou que se sobressaem. O sistema é ativado naturalmente para distinguir estímulos sensoriais que possam nos trazer benefícios — por exemplo, uma boa fonte de alimento, um potencial parceiro ou outras conexões, informações ou sensações significativas. A anandamida e o 2-AG, assim como seus receptores, estão em todo o cérebro, uma vez que essa informação pode ser encaminhada em qualquer número de vias, dependendo da natureza exata do estímulo. Por exemplo, digamos que um dia você esteja andando por aí, sem rumo, observando o que está ao redor, e por acaso segue uma rota que acaba por levá-lo a algo bom. Os milhões de neurônios envolvidos nessa descoberta — incluindo aqueles envolvidos no processamento de informações captadas por seus sentidos, estimulando o movimento, codificando memórias ou elaborando pensamentos que conectam essa coisa boa a seus planos ou a comunica a outras pessoas — provavelmente estão liberando canabinoides para destacar essa informação, ajudando a distingui-la das outras partes de seu dia nas quais as interações com o ambiente não foram tão especiais.

Isso deveria facilitar a compreensão do motivo pelo qual os estímulos que encontramos quando estamos chapados são tão intensamente ricos. Imagens, sons, gostos e pensamentos que poderiam ser ordinários assumem atributos incríveis. No início de meu caso de amor com a maconha, lembro-me de achar o Rice-A-Roni [um alimento pré-preparado de arroz com macarrão pronto para cozinhar] tão incrivelmente delicioso que não conseguia imaginar como não desaparecia rapidamente das prateleiras das mercearias. Hoje, precisaria ser uma mochileira viajando há ao menos uma semana para achar isso palatável, mas com minhas sinapses excitadas, a comida é excepcional, a música é transcendente e os conceitos, extravagantes. Que deleite, sobretudo para alguém que tem pavor da pasmaceira!

Infelizmente, holofotes neurais que iluminam tudo não destacam nada em particular. Se tudo tem grande relevância, não há como pontuar algo mais significativo. Afinal de contas, por que usar um irrigador se os campos estão encharcados? A falta de contraste desabilita a máquina de triagem que nos ajuda a dar sentido a nosso ambiente, separando o relevante do irrelevante. Depois que a pessoa volta da "viagem", a não classificação torna difícil rememorar o maravilhoso colorido daquelas experiências.

A outra desvantagem é que, nas raras ocasiões em que não estava chapada, eu mal conseguia fingir interesse por seja lá o que fosse. O mundo com a droga parecia ter muito mais brilho do que sem ela. Certa vez, viajando para o sul do país pela autoestrada I-95, em um dia ensolarado, bobeei e deixei meu baseado sair voando pela janela do carro. Não pensei duas vezes antes de sair da estrada, parar o carro e sair andando no sentido contrário das seis pistas de tráfego em alta velocidade. Parece um tanto louco para mim agora, mas no momento eu estava determinada. Quando perdi o anel de noivado da minha avó, levei menos a sério. Claro que encontrei o bagulho.

## Consequências

Depois que fiquei sóbria, foi preciso pouco mais de um ano para passar um único dia sem desejar uma bebida, mas foram necessários mais de *nove anos* para que meu desejo se acalmasse. Durante muito tempo, não podia ir a eventos em locais fechados, especialmente se ficasse próxima de alguém fumando maconha. Uma boa sinsemilla [um tipo muito potente de maconha] poderia induzir uma espécie de miniataque de pânico. Suada e ansiosa, tinha que sair do local. Em meio a esse purgatório de quase uma década, abandonei um cara muito boa gente (ótimo cozinheiro, esquiador razoável) só porque ocasionalmente ele queria ficar chapado. Embora isso acontecesse longe da minha presença, eu era incapaz de suportar a ideia de que ele estaria em algum lugar rindo à toa, enquanto eu estaria careta. Parece ridículo agora, mas espero que tenha ficado perfeitamente claro que, ainda que goste de todas as drogas, adoro maconha.

A exposição crônica, como é de se prever, ocasiona sérias consequências. O cérebro se adapta regulando negativamente o sistema canabinoide.[2] "Regulação negativa" é um termo geral que designa processos que trabalham para garantir a homeostase, o que, nesse caso, se traduz em uma redução drástica no número e na sensibilidade dos receptores $CB_1$. Sem grandes quantidades de maconha a bordo, tudo é enfadonho e pouco inspirador.

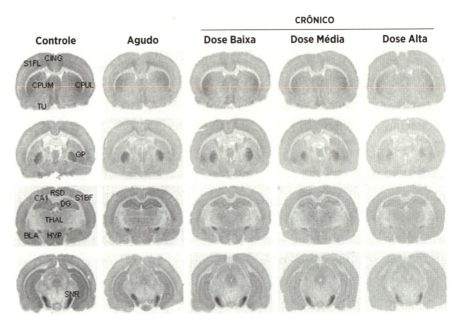

A coluna da esquerda mostra fatias do cérebro de um rato tratado com placebo. Os pontos escuros indicam receptores $CB_1$. Uma única exposição (aguda) a um análogo de THC provoca uma regulação negativa dos receptores. As três colunas de exposição crônica mostram regulação negativa da dose de dependência após 14 dias de tratamento.

Tal como se discute a relação entre câncer e tabagismo, há um debate de longa data sobre se fumar maconha com regularidade leva a uma síndrome amotivacional (ou seja, falta de motivação). Por exemplo, o uso regular leva a passar longas horas no sofá assistindo a desenhos animados, ou será que as pessoas que gostam de ficar sentadas assistindo à televisão (ou olhando as conchas na praia) também gostam de maconha? Como correlação não significa causa, as empresas de cigarros argumentam há décadas que a predisposição ao câncer e a tendência a inalar fumaça de cigarro coincidentemente ocorrem nas mesmas pessoas. Em ambos os casos, o bom senso e as crescentes evidências apontam para a mesma coisa. A regulação negativa dos receptores $CB_1$ pode tornar o usuário mais apropriado para trabalhos que não exigem criatividade ou inovação, exatamente os efeitos que a exposição inicial parecia estimular.

Meus primeiros meses sem maconha foram especialmente infelizes. Embora estivesse em um novo ambiente, com novos amigos e inúmeras novas experiências, lembro-me de muito pouco e de que vivenciei tudo aquilo como algo que ultrapassava os limites do desinteressante (sem mencionar que me sentia ansiosa, deprimida e envergonhada). Nem por isso, cerca de três meses depois de ficar livre das drogas, andando por uma rua em Mineápolis, quase me prostrei de joelhos, atônita diante do esplendor da folhagem de outono. À minha volta, 1 milhão de brilhantes tons de laranja, vermelho, amarelo e verde; deve ter me assaltado a mesma impressão que impactou os primeiros espectadores de filmes em Technicolor. De onde viera tudo aquilo? Na verdade, em virtude da minha abstinência, a regulação negativa havia se invertido. Meus receptores se reativaram, e com isso também minha capacidade de apreciar a beleza dos dias.

Felizmente, após nove longos anos definhando, percebi um dia que não implorava mais por maconha. E nos vinte anos que se seguiram, saboreei minha liberdade! Poderia estar envolta pela fumaça da erva sem me sentir como a última pessoa sentada em meio a uma dança. Então, entrei na perimenopausa e realmente entendi por que a droga estava no planeta. Embora não tivesse fumado nada em 30 anos, sabia que seria um antídoto perfeito para a irritabilidade, a hipersensibilidade e a frustração com as tarefas diárias que acompanharam minha transição. Durante os primeiros anos de vertiginosa queda dos hormônios, eu não teria só dado o braço esquerdo por um baseado; teria cortado meu corpo inteiro e me sentiria como se tivesse feito um bom negócio. O desejo intenso voltou, e de algum modo se sofisticou. Eu até fantasiava que teria câncer e um médico prescreveria a receita necessária. Hmmm, uma doença potencialmente fatal, mas que eu poderia levar fumando. A razão pela qual não comecei a fumar, apesar de meu forte desejo, era que eu sabia que aquela deliciosa fuga que me proporcionaria teria um custo. As coisas que eu gostava de fazer — meu trabalho intelectual, minha família e outras ambições e hobbies — empalideceriam em comparação a ficar sentada fumando marijuana.

Tenho um amigo e colega, professor inteligente de uma boa universidade, que gostava de beber muito, mas estava sentindo alguns dos efeitos embaraçosos, se não incapacitantes, do álcool. Então, ele o trocou pela maconha. Ele e a esposa colocavam as crianças na cama e relaxavam juntos ficando chapados. Depois começou a perceber que se fumasse um pouco antes de fazer as "tarefas de pai", ele se sentia, em suas palavras, um pai mais comprometido. Com apenas algumas tragadas, ele era capaz de brincar mais com seus filhos e já não considerava as caronas solidárias, preparar as refeições ou os treinos tão irritantes e tediosos. "Ótimo", eu disse. "E como são as coisas com seus filhos quando você não está chapado?" A resposta:"Cada vez mais irritantes e tediosas", admitiu.

Logo, se você puxar um fumo, lembre-se que o uso intermitente e ocasional é a melhor maneira de se prevenir da regulação negativa e seus efeitos perniciosos: tolerância, dependência e perda de interesse pelas coisas do mundo.

**4** ✦ ✦ ✦

## Tecelões de Sonhos: Opiáceos

> Se você acha que droga é diversão e emoção, está
> fora de si. Há mais diversão tendo poliomielite ou
> em depender de um pulmão artificial. Se acha que
> precisa dessa coisa para tocar ou cantar, enlouqueceu.
> Ela pode deixar você legal, mas aí você não consegue
> tocar ou cantar coisa nenhuma.
>
> —Billie Holiday (1915–1959)

### Uma História de Amor

Uma narrativa envolvendo viciados em opiáceos é um daqueles melodramas sobre um grande amor e grande sofrimento que tornam pueril a história de *Romeu e Julieta*. Essa classe de narcóticos proporciona aflições como nenhuma outra droga, proporcionando inicialmente uma sensação de segurança e bem-estar que logo se transforma em algo como estar preso em uma cratera lunar sem oxigênio.

No início, os opiáceos são como uma espécie de ideal. Acenam de maneira graciosa, então parece inteiramente natural responder com confiança e gratidão. Ao contrário dos estimulantes, ou mesmo do álcool, os efeitos subjetivos dessas drogas parecem quase perfeitamente sutis, conferindo absoluto contentamento. A princípio a relação é agradável e fácil, começando por dispersar as nuvens das tardes sombrias que sem a droga poderiam ser penosas, e depois vai aparando silenciosamente as arestas dos desapontamentos. Tal como em um amor retribuído, o sentimento míope de abraçar o opiáceo se parece com curtir férias em uma ilha paradisíaca ou dirigir em uma estrada banhada pela luz dourada do sol; tudo o que é supérfluo para o relacionamento recua para um horizonte distante, lá atrás. Então, para que essa vida cheia de pequenas mágoas e insultos se o antídoto perfeito pode ser prontamente encontrado em uma pílula ou pacote. Se ao menos pudesse permanecer assim!

Porém, por razões que parecem cruelmente caprichosas, a droga se mostra volúvel bem quando sua ânsia por ela se torna cada vez mais premente. "Querida!", você sussurra e então clama: "Por favor? *Por favor! Por favor!*" O que aconteceu? Por que você não pode conceder o consolo perfeito que costumava compartilhar comigo? A heroína é tudo o que importa, pois a intimidade que você cultivou dá motivo para um desejo de esperança, depois a um profundo pesar, e por fim a um sombrio isolamento. Como sua amante fora tão perfeitamente dedicada, a devastação é imensa, e sua decepção, inconsolável. Desesperado e tolo, você vai se degradar, mas precisa ter uma migalha que seja do que você uma vez já teve.

Não haverá, no entanto, um reencontro feliz, pois sua amante permanece distante, se não alheia, à sua agonia. Raros, os encontros são insatisfatórios, marcados pela certeza de sua curta duração. Então o sofrimento se estende por dias, semanas, meses e até anos; torturado pelas memórias somáticas e psíquicas de encontros compassivos, você reconhece que já não pode ser readmitido no jardim das delícias. Perambulando em meio aos escombros de sua antiga vida, não lhe vem à lembrança nada de valor. Você sofre, e esse infortúnio, proporcional à duração e intensidade de seu relacionamento, se intensifica à medida que procura encontrar um jeito de voltar aos primeiros e preciosos momentos em que se apaixonou.

## Tendência de Alta

Os narcóticos — o termo guarda-chuva para todas as drogas derivadas do ópio — estão hoje em dia muito presentes em nossa mente coletiva, se não em nosso sangue, na medida em que a tragédia do vício em opiáceos é encenada milhares de vezes por dia em todo o mundo.

Mais de um em cada cinco norte-americanos usa opiáceos durante sua vida, seja ilegalmente, por prescrição médica, ou ambos. E na condição de segunda droga mais viciante (a primeira é a nicotina), é impossível que as consequências do abuso de opiáceos não sejam notadas. Um aumento no número de mortes relacionadas ao uso desses narcóticos e a repercussão de vários casos fatais de pessoas muito conhecidas (Prince, Heath Ledger e Philip Seymour Hoffman, por exemplo) têm chamado a atenção para o problema, embora o fenômeno não seja novo. Janis Joplin, John Belushi, Sid Vicious, Jim Morrison, Judy Garland e até mesmo Elvis Presley morreram vitimados pelo abuso de opiáceos. Não obstante, o uso dessas drogas tem crescido ao longo dos últimos anos, e atualmente mais pessoas morrem por overdose de narcóticos do que em acidentes automobilísticos.

Para muitos, o vício começa em um consultório médico. Em 2012, houve cerca de 259 milhões de receitas prescrevendo opiáceos, quantidade mais do que suficiente para dar a cada adulto norte-americano um frasco de comprimidos. É natural essa prescrição liberal estar associada a um aumento no excesso letal de consumo. Entre as mulheres, que têm maior probabilidade de tomar esses medicamentos (em parte porque são mais propensas a sofrer de dor crônica), a primeira década do século XXI registrou um aumento de 400% nas mortes por overdose. E mesmo aqueles que vivem uma experiência de quase morte provavelmente não deixarão de usar. Um estudo recente descobriu que 91% dos que tomam altas doses desses remédios continuam a revalidar suas receitas. À medida que os corpos rígidos e azulados se acumulam, os governos, a polícia local e os membros da família torcem as mãos em consternação.

A quem cabe a culpa por tal situação? Na verdade, todos contribuímos para a prevalência dessas drogas em nossas comunidades, iludidos que estamos de que o sofrimento é evitável por alguma "solução" externa.

Juntamente com nossos médicos, estamos em negação coletiva diante do fato de que essas drogas são incapazes de se constituir em uma solução sustentável para as dores da vida, e portanto os únicos beneficiários reais são os traficantes, neste caso, as empresas farmacêuticas.

A heroína e outros opiáceos de rua mostram tendências paralelas, com um aumento de cerca de 40% no uso a *cada ano* desde 2010. A grande maioria dos novos usuários de heroína (cerca de quatro em cada cinco) começa abusando dos analgésicos e recorrem aos narcóticos de rua porque eles são mais baratos e fáceis de obter. De maneira óbvia, não há regulamentação para substâncias ilícitas, então a pureza varia tremendamente. Como consequência, a taxa de mortes por overdose de narcóticos de rua quase quadruplicou de 2000 a 2013 e, segundo todas as contas, continua em expansão.

De um ponto de vista histórico, nota-se grandes oscilações na popularidade de todas as drogas ilícitas. Por exemplo, os narcóticos também eram muito populares nos Estados Unidos em meados do século XIX, particularmente entre imigrantes asiáticos, mulheres e (acredite ou não) crianças. Durante os anos que se seguiram, houve surtos no uso de opiáceos, em geral dentro de segmentos populacionais específicos — hipsters [pessoas com um estilo próprio, alternativo] nos anos 1940, beatniks [pessoas que rejeitam o estilo de vida burguês] nos anos 1950 e veteranos da guerra do Vietnã no final da década de 1960 e nos anos 1970. O uso geral de opiáceos diminuiu nas décadas de 1980 e 1990 porque os estimulantes se ajustavam melhor aos valores culturais de produtividade e eficiência, mas hoje estão definitivamente de volta e são utilizados em volume cada vez maior por adolescentes e jovens adultos. Então, deveria ser uma obviedade que mudar leis, a prática médica ou a disponibilidade de um antídoto (isto é, antagonistas como naltrexona ou naloxona) não são armas que levarão à vitória em nenhuma guerra contra as drogas. O ímpeto para mudar nossa experiência subjetiva é universal, e há muitos como eu que tentarão qualquer coisa que possa nos levar "lá para o alto". Portanto, a solução não pode ser encontrada no lado da oferta, em vez disso, depende de uma mudança na demanda, e isso provavelmente será um trabalho feito por dentro.

Experimentei opiáceos um punhado de vezes em meus tempos de usuária porque, com poucas exceções, eles não estavam prontamente disponíveis quando e onde eu estava. Gostei da experiência, que nas doses baixas e moderadas que usei transmitiram uma sensação de cálido contentamento. Tenho certeza de que a história teria sido diferente se eu tivesse tido a oportunidade de injetar essas drogas.

É difícil superestimar o poder que os opiáceos têm sobre seus usuários. Vários anos atrás, por exemplo, eu estava conduzindo um estudo para avaliar o benefício do tratamento com acupuntura para viciados em heroína em um local de desintoxicação em Portland, Oregon. A ideia era que agulhar os "pontos ativos" liberaria endorfinas, assim aliviando a dor e o sofrimento da abstinência. Viciados em processo de desintoxicação que se voluntariaram para o estudo foram aleatoriamente designados para um grupo ativo ou um grupo de placebo (para quem a aplicação das agulhas ocorreu em pontos supostamente sem benefício terapêutico). Todas as manhãs, acupunturistas licenciados lidavam por cerca de 30 minutos com os pacientes que se apresentaram para o estudo, e nos primeiros dias do experimento as coisas pareciam estar correndo bem. Os voluntários foram solicitados a registrar seus sintomas de abstinência várias vezes ao dia, respondendo a questionários, e havia uma sugestão de que aqueles que recebiam tratamentos ativos estavam um pouco menos ansiosos e dormiam melhor do que o grupo de controle.

No entanto, o estudo foi inesperadamente interrompido depois que um jovem adicto (conhecido pela maioria da comunidade) que se desligara do local morreu rapidamente com uma agulha no braço. Bastaram algumas horas para a notícia se espalhar pelo centro de atendimento — mas não a lamentação. Os pacientes reconheceram na morte do amigo um sinal de droga de alta qualidade. Você provavelmente já viu fenômenos semelhantes em sua comunidade; surtos regionais de overdoses tendem a ocorrer não porque a maioria dos adictos não sabe o que vão encontrar pela frente, mas por saberem. São vítimas das leis da farmacologia, desconhecem que mesmo drogas como fentanil e carfentanil, que são milhares de vezes mais potentes que a heroína, não produzem os efeitos desejados em um cérebro já exposto (embora, infelizmente, permaneçam potentes o bastante para causar hipoventilação, que é a maneira pela qual podem ser letais).

## Fabricantes de Sonhos

Drogas que causam dependência são classificadas em dois diferentes grupos, com base principalmente em seus efeitos. Estimulantes aumentam a atividade, alucinógenos alteram a percepção e sedativos hipnóticos retardam a atividade cerebral e promovem o sono. Já os opiáceos ou narcóticos obtêm sua classificação a partir de uma estrutura molecular compartilhada e efeitos comuns, entre os quais a analgesia ou alívio da dor. Tem-se notícia do uso de compostos de opiáceos, inicialmente derivados de plantas de papoula, há pelo menos 7 mil anos — começando no período neolítico — para fins medicinais e recreativos (categorias não claramente delineadas). Esses compostos ainda são a droga de escolha para dor aguda ou crônica intensa. Porém, como sempre, existem efeitos colaterais. Entre eles, hipoventilação (responsável pela morte por overdose), constipação (tornando-se um tratamento útil para diarreia grave) e euforia (um antídoto, poderíamos dizer, para a disforia, outro aspecto que parece inevitável na condição humana). E, claro, é este último efeito que confere à droga sua característica viciante.

Do ponto de vista da neurociência, o apelo dos opiáceos é fácil de compreender. Na grande classe de narcóticos, tanto heroína, fentanil e oxicodona quanto seus análogos menos potentes, como tramadol e codeína, todos funcionam imitando as endorfinas (substâncias endógenas semelhantes à morfina), os analgésicos naturais do corpo. Nossos cérebros fabricam uma farmacopeia incrivelmente rica e variada desses opioides naturais, cujo número e ampla distribuição sugerem que desempenham um papel crítico em nossa sobrevivência.

Uma descrição em primeira mão dá ideia de qual poderia ser esse papel. Certa vez, em uma viagem à África, o explorador e missionário David Livingstone foi atacado por um leão. (Muitos logo lembram dele pela discreta saudação que recebeu de Henry Morton Stanley quando este enfim localizou o desaparecido escocês: "Dr. Livingstone, presumo?").

Livingstone sobreviveu ao ataque e sua descrição ilustra o papel das endorfinas no corpo. O leão, escreveu ele, "foi direto em meus ombros quando saltou e nós dois chegamos juntos ao solo. Rosnando horrivelmente perto do meu ouvido, isso me assustou como um cão terrier assusta a um rato. O choque... causou uma espécie de lassidão, em que não havia sensação de dor nem sentimento de terror, embora eu estivesse consciente de tudo o que estava acontecendo."[1]

Sabemos hoje que sua experiência é bastante comum (não a de ser atacado por um leão, obviamente, mas o estado de serenidade sonhadora induzido pelo estresse ou perigo). Imagine, se quiser, uma versão atual do ataque do leão experimentado pelo Dr. Livingstone. Digamos que ao retornar ao seu apartamento depois de um longo dia no escritório, você é surpreendido por um intruso mascarado e reage. Na briga, você é esfaqueado; é um corte profundo. O que fazer?

Suponha que, dominado pela dor e pelo medo, você gaste o que resta de sua vida se contorcendo no chão do apartamento, sangrando até a morte ou esperando, inerte, ser socorrido. É improvável que isso o ajude a sobreviver ou — sendo mais preciso — ter futuro para colaborar na reprodução da espécie. Em vez disso, em cerca de 90 segundos do fatídico encontro, células do cérebro estimularão a atividade dos genes para direcionar a síntese de endorfinas, que são rapidamente liberadas para produzir efeitos em todo o sistema nervoso central: bloquear a transmissão da dor, inibir a resposta do pânico e, esperançosamente, possibilitar uma fuga. É fácil ver como modular a dor e o sofrimento proporcionariam vantagem evolutiva a um organismo.

Outro indicador de que os opioides naturais desempenham papéis importantes na sobrevivência é sua família neuroquímica, grande e diversa. A implicação é que, por trás disso, há uma longa história evolutiva. Existem dezenas de diferentes opioides fabricados pelo cérebro (incluindo a morfina real). Experimentos mostraram que esses produtos químicos atendem a uma variedade de funções críticas, incluindo a modulação de atividades como sexo, apego e aprendizado. Parece bastante improvável que o Criador do Dr. Livingstone, por mais benevolente que seja, produzisse um leque de opções tão amplo para ajudar você a morrer!

## Yin e Yang

A maioria das pessoas já ouviu falar de endorfinas, talvez reconhecendo que esses produtos químicos estão relacionados à sensação de calor e saciedade após comer comida apimentada ou à euforia induzida pelo sexo. Mas poucas pessoas têm conhecimento de que há outra família, igualmente grande, de compostos naturais que evoluiu para *neutralizar* as endorfinas. Elas são coletivamente denominadas de antiopiáceos e produzem exatamente os efeitos opostos aos dos narcóticos. Por que a evolução, ou aquele Criador benevolente, decidiu que precisamos de compostos que aumentem o sofrimento e a ansiedade?

Lembre-se da invasão em seu lar imaginário. Suponha que você, apesar da lesão potencialmente fatal, consiga escapar do intruso e saia de lá em direção à rua, beneficiando-se de uma providencial injeção de endorfinas. Agora, fora de perigo imediato, seria bastante útil perceber sua dor em vez de permanecer anestesiado. Caso contrário, você ainda pode morrer — só que mais lentamente — por perda de sangue ou até infecção. Logo, o cérebro não fica à espera de que as endorfinas se degradem naturalmente. Em vez disso, nociceptores [terminações nervosas inativas que só são estimuladas por uma ameaça ao organismo] são ativados por uma torrente de antiopiáceos.

A dor de fato tem dois propósitos principais: um é nos ensinar a evitar estímulos ou situações perigosas, e o outro, incentivar a recuperação após o fracasso da primeira lição. Outra razão potencial para a existência de antiopiáceos foi delineada nos capítulos anteriores: o papel do cérebro como detector de contraste depende de uma referência estável. Antiopiáceos restauram o cérebro a esse "ponto de ajuste" com mais eficiência.

Um de meus colegas, Eric Wiertelak, está entre os muitos cientistas que ajudam a lançar luz sobre o sistema homeostático de opiáceos e seus opostos.[2] Em um inteligente rol de experimentos, ele condicionou ratos a esperar um estímulo estressante, e depois de repetidos testes descobriu que as cobaias começaram a sintetizar seus próprios analgésicos para ajudá-los a lidar com as dificuldades. Ele foi capaz de identificar os analgésicos como sendo as endorfinas, mostrando que o estado analgésico poderia ser abolido pela administração de drogas que bloqueiam os efeitos de narcóticos, como o Narcan.

A segunda descoberta notável do experimento do professor Wiertelak foi observada após vários dias de exposição dos ratos a estímulos estressantes (uma série de choques). Em não muito tempo, o próprio contexto do teste provocou analgesia; Eric não precisou eletrocutar os ratos para que eles começassem a produzir endorfinas. Eles mesmos logo descobriram que no local em que estavam surgiam perigos e se preparavam produzindo e liberando opioides com antecedência.

Até agora, descrevi apenas a primeira metade das descobertas do professor Wiertelak, portanto aguarde porque fica ainda mais interessante. A alguns dos ratos submetidos a esse protocolo foi mostrado, em todos os dias, um sinal luminoso imediatamente após o último choque. Da mesma forma que o contexto experimental previa choque e estresse, a luz passou a indicar segurança. Em breve a luz começou a reverter a analgesia dos ratos, de modo que a sensibilidade à dor voltou de imediato ao normal. Eric supôs que o sinal de segurança levou à liberação de antiopiáceos, e para provar isso administrou morfina às cobaias antes de acender a luz. Decorridos *alguns segundos* após acender a luz que previa a segurança, os efeitos da morfina foram abolidos.

A meia-vida da morfina (o tempo que leva para a quantidade de droga no sangue diminuir em 50%, na maioria dos casos devido ao metabolismo do fígado) é de mais de uma hora, então a dissipação natural de seus efeitos está longe de ser tão rápida quanto a demonstrada pelos ratos de Eric. Em vez disso, perceber que eles estavam "seguros" deve ter levado a uma liberação compensatória de antiopioides — um exemplo e tanto do *processo b*. Estudos anteriores, de muitos pesquisadores, indicaram que a tolerância e a dependência de opiáceos envolviam um aumento de antiopiáceos. Eric acrescentou peso a essa literatura, mostrando que as circunstâncias do ambiente poderiam ativar e desativar a sensibilidade à dor, causando liberação de diferentes neurotransmissores. Uma de minhas histórias favoritas a respeito da modulação neural da dor é a de um estudante que conseguiu jogar os últimos minutos do campeonato de futebol de sua escola com uma tíbia rachada e depois celebrar a vitória, tudo sem sentir nenhum desconforto. Só após a partida, ao entrar na van da família para ir para casa, passou a de repente a sentir dores terríveis. Mamãe e papai eram seu sinal de segurança. Trata-se de uma boa notícia para nossa sobrevivência que a sensibilidade à dor esteja sintonizada com os detalhes da situação que estamos vivendo, mas é muito ruim caso você esteja procurando por "almoço grátis" em uma planta de papoula.

Em contraste com nossos outros sentidos, a dor é especialmente relevante para nossa sobrevivência; pode-se vê-la como um elemento individualista, capaz de abrir e fechar portões de experiência sensorial. Por exemplo, pessoas cegas, surdas ou anósmicas (estas últimas carecem de olfato) provavelmente terão uma expectativa de vida normal, mas não é o caso dos indivíduos com insensibilidade congênita à dor, que de maneira quase invariável morrem jovens em função de complicações após sofrerem uma lesão.

Além do mais, simplesmente seccionar um par de nervos cranianos poderia tornar alguém cego, surdo ou anósmico com bastante rapidez — tais nervos são relativamente simples, distintos e bem caracterizados. Já a dor acontece de forma redundante e difusa, e não há intervenção cirúrgica para aliviar a dor crônica (como muitos médicos e seus pacientes sabem muito bem). Em vez disso, a dor recruta caminhos e circuitos sobrepostos por todo o corpo e cérebro e, junto com uma farta neuroquímica de opioides e antiopiáceos, pressagia a natureza crítica da dor para nossa sobrevivência.

Como os ratos de Eric, os humanos são especialistas em associar coincidências no ambiente. Ao longo de nossas vidas, fazemos isso de forma automática, e muitas vezes ao dia. Efeitos de drogas não são exceção; são rapidamente associados a toda e qualquer informação que prevê que os efeitos estão prestes a acontecer. Nossa reação, contudo, não é a mesma que temos com relação ao estímulo esperado, mas sim a oposta. Os cachorros de Pavlov salivavam com a comida e com o badalar do sino associado ao horário das refeições. Mas se uma droga faz com que sua boca se encha de água, as pistas associadas à droga fariam sua boca ficar seca. Dá para compreender essa aparente contradição ao avaliar se um estímulo atua diretamente no SNC e recruta processos homeostáticos. Uma droga faz isso. O jantar não.

## Receita para a Miséria

Durante meu pós-doutorado no Oregon, dividi por algum tempo um consultório com um jovem dentista que, a julgar pelas chamadas em seu telefone, era um sujeito popular. Ele tinha, de algum modo, adquirido a reputação de ser liberal com seu receituário e, em consequência disso, era assediado praticamente a todo instante. Não acho, em absoluto, que ele tenha se descuidado em não permitir dependentes, mas simplesmente era incapaz de reconhecer e se defender da persistência e determinação deles. Tentava argumentar racionalmente com os "pacientes" enquanto eles inventavam desculpas criativas para mais comprimidos. Lembro-me de mais de um caso de pacientes que removeram todos os dentes, um de cada vez ao longo de vários meses, porque cada extração garantia um novo frasco de comprimidos. Meu colega de consultório observou com resignação (antes de mudar de endereço e de números de telefone) que não havia uma maneira objetiva de avaliar a veracidade da alegação de dor de dente de um paciente, e que ao menos quando o último dente fosse extraído a pessoa finalmente pararia de ligar.

Que desespero poderia levar alguém a sacrificar os dentes de sua boca? A culpa, ao menos em parte, cabe ao antiopiáceos. Pesquisas demonstraram que os antiopiáceos contribuem para o vício como uma das principais fontes de doença e miséria em dependentes de opiáceos. Foram identificadas dezenas de peptídeos (cadeias curtas de aminoácidos) com propriedades antiopiáceas. Alguns dos mais conhecidos são dinorfina, orfanina FQ, colecistocinina e NPFF, que podem facilitar a adaptação e contribuir para a tolerância, dependência e desejo. Entretanto, não contemplam a amplitude do vício em opiáceos em si. Os cientistas identificaram várias outras formas de adaptação e contribuição: algumas implicam o sistema imunológico do cérebro; muitos outros envolvem mudanças compensatórias dentro das células cerebrais individuais. Embora o número de receptores opioides não diminua drasticamente em um usuário narcótico crônico (como ocorre com os receptores $CB_1$, que diminuem nos fumantes de maconha), a capacidade dos opiáceos de afetar a sinalização intracelular fica comprometida com o uso frequente, então os receptores são regulados negativamente em eficácia, se não em quantidade.

O sistema antiopiáceo, porém, é o mais cruel. Como o sistema nervoso de um adicto é regularmente inundado por compostos que causam euforia, o sistema antiopiáceo trabalha para *criar* dor, de modo que o efeito do uso é algo parecido com a sensação normal. Esse sistema antiopiáceo oposto pode ser acionado por segurança, ou pela expectativa de segurança após o perigo passar, mas é provável que não exista uma maneira mais eficaz de ativar processos antiopiáceos do que por meio da exposição regular a opiáceos, o que deve ser um prego perfeito para martelos tão primorosamente evoluídos.

Além disso, elementos associados ao uso de drogas também levam à ativação do sistema antiopiáceo. Basta a visão de uma colher em um banheiro, por exemplo, para causar calafrios e ansiedade em qualquer um que seja usuário de opiáceos de longa data, inclusive aqueles que tenham parado há anos. Em geral, quanto mais extensa a experiência de uso, mais gatilhos são possíveis. O estresse é um gatilho especialmente poderoso porque leva a um "sabor" da ação real dos opioides, mas outros fatores mais sutis — como ocasião, lugar, pessoas, dinheiro e música — têm a mesma consequência: desejo induzido por antiopiáceos e sintomas físicos e psicológicos associados à abstinência. (Para uma ideia abrangente dos efeitos dos antiopiáceos, consulte a segunda coluna da tabela disponível nas próximas páginas.)

Isso quer dizer que o vício em opiáceos (como quaisquer outros) é, até certo ponto, contextual. Essa questão foi enfatizada com mais força na história recente por um grande grupo de veteranos norte-americanos da Guerra do Vietnã. Em busca de uma válvula de escape, cerca de 20% das tropas passaram a consumir narcóticos, aos quais tinham fácil acesso no sudeste da Ásia. O Congresso foi alertado desse problema quando as tropas estavam programadas para voltar para casa no final da guerra, então o governo presidido por Nixon promoveu audiências nacionais para descobrir o que fazer. Decidiu-se que os soldados que tivessem resultados positivos seriam desintoxicados no exterior e cuidadosamente rastreados após seu retorno. Essa estratégia acabou dando certo, mas por casualidade: o contexto dramaticamente distinto em casa parecia contribuir para o sucesso da abstinência. De fato, apenas cerca de 5% dos soldados viciados no Vietnã tiveram recaídas (em comparação com cerca de 90% dos viciados tratados em solo americano). Podemos presumir que a exposição a um contexto semelhante ao experimentado no Vietnã — como selva densa e úmida ou tiros por todo lado — poderia ter produzido uma taxa de recaída maior.

## Arcando com as Consequências

O cérebro se adapta a todas as substâncias químicas exógenas que alteram sua atividade, mas o grau de tolerância, dependência e compulsão dos usuários de opiáceos é lendária — mais acentuado do que quase todas as demais drogas. Adaptações subjacentes à dependência de opiáceos, incluindo a produção de antiopiáceos, têm início durante a primeira administração (algo que ocorre com todas as drogas) e ganham força rapidamente com o uso. O poder desses processos oponentes é grande porque a sensação de dor é fator crítico para a sobrevivência.

O resultado é que, com o tempo, uma dose que a princípio funcionou bem dificilmente produzirá qualquer efeito, e para obter a mesma experiência o usuário precisará de mais. Mas é claro que, se a dose for aumentada, a adaptação será ainda maior para atender a um desafio maior. Isso significa aumentar a dose ainda mais. Assim, o romance esfria quando seu amante está presente, mas na ausência dele seu corpo e mente são tomados pelo sofrimento — tudo como resultado da profunda adaptação do sistema nervoso. Naturalmente, isso leva ao desejo, pois qualquer coisa é melhor que a desolação excruciante da abstinência.

A tolerância a opiáceos é inacreditavelmente vigorosa. Os viciados podem administrar mais de *150 vezes* a dose que seria letal para os usuários inexperientes e se sentirão apenas "legais", mas não realmente altos. Em estudos de laboratório são necessárias "férias das drogas" de uns seis dias para animais totalmente tolerantes recuperarem metade da sensibilidade intrínseca à morfina que os deixará altos (nem é preciso ressaltar que "meio alto" dificilmente vai satisfazer). Em contraposição, a meia-vida associada ao retorno da sensibilidade à nicotina é de cerca de meia hora, e a completa recuperação e ressensibilização ocorrem quando os intervalos entre as doses são de apenas três horas. A recuperação total de opiáceos provavelmente leva semanas ou meses, sendo a principal razão pela qual é tão difícil para os viciados resistir.

Por definição, as pessoas são dependentes de uma droga quando a falta dela provoca sintomas de abstinência. O uso habitual de opiáceos é dispendioso e requer tempo, e mesmo que tais recursos estejam ao alcance, ainda há a questão de que a droga não funciona de fato por causa da tolerância. Assim, muitos adictos tentam parar e, quando o fazem, sofrem com uma profusão de sintomas de abstinência exatamente opostos aos efeitos agudos da droga. Além de diarreias e perdas de fluidos corporais, alguém que se afaste dos opiáceos será incapaz de ficar parado ou descansar.

| EFEITOS DOS OPIÁCEOS | SINTOMAS DE ABSTINÊNCIA |
| --- | --- |
| Analgesia | Dor |
| Hipoventilação | Respiração ofegante e bocejos |
| Euforia | Irritabilidade e disforia |
| Relaxamento e sono | Incapacidade de descansar e insônia |
| Tranquilidade | Medo e hostilidade |
| Diminuição da pressão arterial | Aumento da pressão arterial |
| Constipação | Diarreia |
| Contração das pupilas | Dilatação das pupilas |
| Diminuição da temperatura corporal | Aumento da temperatura corporal |
| Secreções secas | Lágrimas e nariz escorrendo |
| Redução da libido | Orgasmo espontâneo |
| Pele corada e cálida | Sensação de frio e arrepios |

O usuário de opiáceos vê-se, então, diante de um dilema. Uma maneira de entender isso é reconhecer que, como não há almoço grátis, os benefícios que as drogas oferecem têm um custo a ser pago. Em princípio, momentos de esplêndido contentamento exigem uma experiência igual e oposta de aflição; o benefício da euforia criará uma dívida de disforia, e tentar escapulir desse estado desagradável tomando mais drogas aumentará o débito. Na prática, a profundidade e extensão do período de abstinência é diretamente proporcional à duração e intensidade da droga banhando o cérebro. Assim como a primeira exposição é "melhor", da mesma forma a primeira tentativa de ficar limpo é mais fácil, e essa facilidade é ainda maior se o período de uso for de curta duração. Qualquer experiência de se livrar da droga vai parecer a antítese do nosso desejo. Porém, medicar não só adiará a miséria como a fortalecerá da próxima vez.

Até os últimos anos, a maioria dos que persistiam no vício estava na casa dos 40 ou 50 anos, e com esse tempo todo sujeitos aos efeitos da droga, não era de se esperar que ficassem limpos. A metadona foi considerada uma solução substituta para essas pessoas, que, submetidas a uma administração diária dessa droga em um ambiente clínico, poderiam viver em um estado intermediário, nem sãos, nem doentes. A metadona atua como um opiáceo substituto, tem meia-vida especialmente longa e sua absorção é feita por via oral. Beber um "coquetel" diário na clínica impede a abstinência (bem como atividades antissociais ligadas à abstinência, como roubar e injetar em locais públicos); por ser tão barata, essa droga é considerada muito benéfica — provavelmente menos para os dependentes do que para os membros de suas comunidades.

Recentemente, contudo, a metadona tem sido usada em dependentes mais jovens. Isso é bastante trágico, se não antiético, tanto de uma perspectiva neurobiológica quanto social. Como a metadona é um opiáceo de longa duração, ao ser prescrita com o objetivo clínico de manter o cérebro saturado de coisas para evitar a abstinência, produz um vício de proporções imensas. Essa droga é ainda mais difícil de largar do que a heroína; esta última é infernal, mas por um tempo relativamente curto. Portanto, prescrever uma droga como a metadona para pessoas que são pouco mais do que adolescentes é, de certa forma, como a "manutenção" de uma sentença de prisão perpétua, semelhante à de alojar os doentes mentais em enfermarias nos fundos das instituições hospitalares públicas: eles serão um problema a menos para o resto de nós, mas é improvável que tenham muita vida pela frente.

Do ponto de vista neurológico, uma estratégia melhor é adotar a conduta oposta. Em vez de banhar aos poucos as células com opiáceos por longos períodos, nocauteá-las com um grande dose de antiopiáceos! Administrar antiopiáceos induz o cérebro a manter a homeostase aumentando ou ao menos normalizando seu sistema opioide. Isso de fato foi tentado e pode-se dizer que funciona muito bem. Eis como: você se interna em um hospital, recebe anestesia geral (a razão para isso ficará clara em alguns momentos) e toma uma dose cavalar de Narcan. Essa droga vai ocupar todos os mesmos locais que os opiáceos, mas não os ativa. Se o Narcan for administrado em adictos que não estejam usando, eles ficarão *mentalmente confusos* — experimentando de modo instantâneo as agruras da abstinência. No entanto, se forem anestesiados enquanto seu cérebro é encharcado com altas doses da droga, então as células se adaptam de volta a seu estado natural em curto prazo.

Isso parece sensacional, não? Infelizmente, não demora muito para que alguns usuários, uma vez despertos, reconheçam seu estado renovado e aproveitem a saída do hospital para voltar ao vício. Outro problema com essa estratégia é que ela só funciona para aqueles que podem pagar — como o astro do rock que apreciava seus hiatos de um mês em um hospital psiquiátrico de elite no sul da Flórida, no qual trabalhei em um verão. Por outro lado, uma ex-stripper que conheço e que se tornou uma cientista espacial depois de ficar limpa argumentou que lembrar-se da aflição da abstinência a ajudava a permanecer limpa depois de ter se livrado da droga, e que se tivesse conseguido dormir naquele estado miserável nunca teria se sentido tão motivada.

Uma abordagem mais democrática e esclarecida encontra-se exatamente no meio desses extremos. A suboxone é uma combinação de uma droga parecida com Narcan e uma droga opiácea chamada buprenorfina. A buprenorfina não tem muito apelo nas ruas pelo mesmo motivo de ser uma boa escolha aqui: embora ocupe os mesmos locais no cérebro que as drogas opiáceas, não funciona tão bem e, portanto, é muito menos recompensadora do que suas homólogas. Entretanto, os efeitos são potentes o suficiente para reduzir os sintomas de abstinência, incluindo a compulsão, e permitir que os adictos durmam. É menos estigmatizante que a metadona e, o que é ainda mais importante, sob supervisão médica, não aumentará o vício. Para alguém motivado a ficar limpo, isso pode representar um bom começo. Se a dose for sendo reduzida de forma gradativa, é provável que ela se constitua na melhor chance de ter uma vida livre da dependência de opiáceos.

Para os usuários de opiáceos, assim como adictos em geral, como já chamei atenção, nunca haverá droga suficiente. Devido à formidável capacidade do cérebro de se adaptar, é impossível para um usuário regular ficar alto, de modo que o melhor que um apetite voraz por mais drogas pode esperar é conseguir evitar a abstinência. É uma situação mais conhecida como um beco sem saída.

# 5

### A Marreta: Álcool

*Vim ao mundo por minha vontade,*
*e nele me mostrei na carne.*
*Descobri estarem todos embriagados*
*e ninguém sedento,*
*e minha alma se condoeu*
*pelos filhos da humanidade.*
*Porque, cegos de coração,*
*não veem o que lhes vem de dentro.*
*Vieram ao mundo vazios,*
*e o estão deixando vazios.*
*Agora estão todos ébrios,*
*mas uma vez livres dos vapores do vinho,*
*também podem permanecer de pé.*

—Versículo 28, *O Evangelho de Tomé* (traduzido da versão
em inglês de Lynn C. Bauman)

## Uma Defesa de Tese

Quase exatamente sete anos após ficar limpa e sóbria, saí da pequena
sala na qual passei horas defendendo minha dissertação diante de uma
banca de cientistas especializados. Minha tese procurava explicar os
mecanismos responsáveis pela observação de que a tolerância à morfina
é maior em contextos mais familiares aos usuários. Meus estudos ajudaram a estruturar a teoria de que quanto mais prevemos os efeitos da
morfina maior é a probabilidade de nosso sistema nervoso se valer de
antiopiáceos naturais. Quando saí da sala de seminários com uma mistura de sentimentos — de alívio e exaustão a orgulho — fui recebida por
vários colegas de pós-graduação que esperavam pelo corredor à espera
de notícias e na torcida para me parabenizar. Frank foi o primeiro a me
dar um ligeiro tapinha nas costas acompanhado de um arremedo de sor-

riso. Algo não se encaixava, e quando perguntei qual era o problema, ele deixou escapar que ninguém da turma sabia como celebrar comigo porque a tradição rezava que a ocasião fosse comemorada com um brinde de champanhe e eu não bebia.

Minha vida dera um giro de 180 graus. Não só havia defendido o doutorado como podia olhar as pessoas nos olhos e nutrir meus hábitos respeitáveis sem cometer crimes. Acordava todas as manhãs me sentindo limpa e descansada, sabendo onde estava e mais ou menos o que esperava do novo dia — uma situação tão preciosa que todos deveriam ter a fortuna de viver sempre assim. As coisas estavam correndo tão bem para mim que eu queria ter dado uma risada e sugerido cupcakes ou uma esticada até os Flatirons [formações rochosas no oeste dos EUA]. Mas, em vez disso, meu primeiro pensamento depois desse comentário meio sem jeito do Frank foi: "Podes crer! Ralei tanto nesses anos todos que mereço uma bebida!" Pode ser difícil para qualquer pessoa sensata apreciar quão profunda era a autopiedade que me invadiu por não poder brindar com meus companheiros em copos de plástico aquela minha conquista!

O álcool é o suco tóxico que mantém as convenções sociais em conserva. Em 1839, um viajante inglês chamado Frederick Marryat anotou em seu diário que a prática norte-americana era: "se você se reúne, bebe; se você parte, bebe; se você conhece alguém, bebe; se você fechar um bom negócio, bebe; eles brigam ao beber e fazem as pazes com uma bebida. Bebem porque está quente; bebem porque está frio."[1] Tal costume com certeza não diminuiu nos últimos dois séculos e representa um sério desafio à recuperação. Não creio que aqueles que se recusam a usar cocaína ou mesmo maconha se deem conta da mistura de incredulidade e pena que aqueles de nós que recusam o álcool experimentam regularmente. Anfitriões bem-intencionados, refletindo um forte consenso social, e a despeito das repetidas recusas, persistem em oferecer mais e mais opções ou em insistir que é "apenas uma taça". Promoções publicitárias, ocasiões de consumo sob encomenda e a presença generalizada dessa droga são impossíveis de evitar e constituem um paradoxo instigante.

Uma coisa seria a dependência do álcool e outras drogas ocorrer em eventos raros, improváveis e decorrentes de alguns poucos casos trágicos. Mas em face de exemplos abundantes, próximos, onipresentes e concretos, bem como das feridas de nossa própria família em relação às coisas da vida, nossa profunda negação coletiva causa estranheza. A insistência maníaca em ignorar o óbvio é uma reminiscência dos comerciais de cigarros a que cresci assistindo. Quando era criança, a justaposição de atletismo juvenil com o hábito da nicotina parecia tão estranha para mim quanto a insistência atual de que o álcool de alguma forma torna tudo mais sexy e cheio de vida. Ainda me lembro de um comercial em particular que mostrava um grupo de jovens adultos esplendidamente bronzeados fazendo rafting por uma corredeira acidentada enquanto promoviam uma marca popular de cigarro mentolado. É isso mesmo? Fumar enquanto pratica rafting?

Essa incongruência é amplamente difundida. Sempre damos início à reunião anual da Research Society on Alcoholism [Sociedade de Pesquisa sobre o Alcoolismo, em tradução livre], na qual recentemente recebi meu distintivo de adesão de 25 anos, com uma recepção. Tíquetes grátis para bebidas — dois por pessoa, apenas para bebedores sociais — são oferecidos a todos, e a droga é encontrada facilmente (você pode pagar em dinheiro quando seus tíquetes acabarem). Isso não parece incomum; afinal de contas, é muito difícil ter uma ocasião ou lugar em que não se espera que haja álcool disponível, mas o que me impressiona é o contraste gritante nas opções. Aqueles que bebem têm um excesso de possibilidades de aparência deliciosa (tenho consciência de que podem parecer assim especialmente para mim, mas este é meu ponto), enquanto aos poucos de nós que não bebem são oferecidos refrigerantes ou água. Água é minha bebida preferida agora, mas não pode ao menos ser uma água das boas? E por que não há sucos de frutas espremidas na hora ou outras opções saborosas? Afinal, este é um grupo de especialistas em alcoolismo!

A prática bipolar dos dependentes de compaixão, ao mesmo tempo em que lubrifica praticamente todas as interações sociais com uma quantidade obscena e uma variedade de bebidas alcoólicas, parece insensível, se não obtusa. Também é excludente — como se o único lugar realmente confortável para pessoas que não conseguem lidar com a bebida estivesse debaixo de um viaduto. Entendo que minha atitude de não beber pode deixar algumas pessoas desconfortáveis. Talvez pareça que estou renegando o grande contrato social para ofuscar julgamentos quando as pessoas desabafam. É verdade que às vezes é difícil estar perto de um grupo de pessoas bebendo socialmente, mas não porque estou avaliando o quanto consomem ou sua tendência a se expor de uma forma não compatível com o que sei deles quando sóbrios. Acredite, pode ser um tanto quanto solitário.

Também fico particularmente curiosa sobre o costume generalizado de celebrar realizações pessoais com um sedativo. Entendo que é fácil ser dominado por emoções fortes, e sou sensível ao desejo de fugir da dura realidade, mas ainda assim parece estranha nossa escolha de beber e usar drogas para dar vazão ou intensificar sentimentos fortes, bem como para silenciá-los. Já estive em formaturas dos outros, em inúmeros casamentos, eventos esportivos ou festividades semelhantes em que a norma é celebrar diminuindo as luzes. Embora o apelo seja compreensível — algo como dormir no nascimento de uma criança —, na condição de alguém que tentou de ambas as maneiras, gosto muito de estar presente nessas ocasiões. É verdade que às vezes a vida pode ser horrível, decepcionante, aterrorizante ou muito entediante. Porém, do mesmo modo, existe a frequente possibilidade de superação com alegria, gratidão ou deleite. Resumindo, provavelmente é impossível conter o terror sem compensar com o prazer. Como Sócrates observou, e muitos concordam, a tristeza e a alegria dependem uma da outra; prefiro a montanha-russa ao trem.

Reflexões como essas me levaram a considerar outras opções para comemorar minha defesa de tese. Em vez de ficar mamada, consegui uma passagem de avião barata e passei sete semanas no Pacífico Sul — com uma mochila e a sensação de realização, sozinha, exceto pelas pessoas que conheci no caminho. Que pobre substituta uma taça de champanhe, ou até mesmo uma adega inteira, teria sido à oportunidade de navegar de caiaque em Milford Sound, obter meu certificado de mergulho aberto na Grande Barreira de Corais e receber uma proposta de casamento de um cacique de Fiji!

## Faça Parar, Por Favor!

Usamos drogas, em boa parte, em virtude de seus efeitos agradáveis, uma variante do que os cientistas chamam de reforço positivo. Há uma alta correlação entre a propensão de uma droga causar dependência e a capacidade dela de induzir reforço positivo mediado pela dopamina. Mas ser um veículo para experimentar sensações boas não é suficiente para imputar à droga toda a responsabilidade pelo abuso, sobretudo de álcool. As pessoas também usam drogas para abafar sensações desagradáveis. Essa tendência é chamada de reforço negativo, e a motivação que advém dela é o fator crítico.

O álcool e outros depressores são reforçados negativamente em parte porque reduzem a ansiedade; opiáceos são tão atraentes porque diminuem o sofrimento; e os estimulantes, por atenuarem o aborrecimento. Além disso, como reduz a ansiedade, o álcool será mais arrebatador para aqueles que são por natureza ansiosos, aumentando nesses indivíduos o risco de beber com regularidade. Há fortes evidências de que as pessoas naturalmente predispostas a qualquer um desses estados são mais propensas a abusar de uma substância "complementar".

No entanto, como o cérebro se adapta às mudanças neurais provocadas por qualquer droga, os efeitos da exposição crônica minam qualquer tentativa de automedicação. Infelizmente, se em função de alguma tendência hereditária à ansiedade alguém achar o álcool especialmente recompensador e se embebedar com frequência, a ansiedade será cada vez maior e haverá necessidade de mais droga.

Na prática, os reforços positivos e negativos são balanceados pelo que pode ser chamado de aspecto punitivo do uso de drogas, e embora a punição seja em geral menos eficaz do que o reforço na formação do comportamento, ela também vem em duas formas que podem desempenhar um papel no vício.

Uma punição é positiva quando as consequências desagradáveis diminuem a probabilidade de uso subsequente. Efeitos como vômitos ou ressaca e consequências como multas e reprimendas públicas podem diminuir a propensão ao uso regular.

O primeiro medicamento prescrito especificamente para o tratamento do alcoolismo se baseava na premissa da punição positiva. O Antabuse interfere no metabolismo do álcool e leva a um acúmulo de acetaldeído, que é tóxico. Essa substância produz efeitos fisiológicos incômodos, incluindo ruborização, sudorese e batimentos cardíacos irregulares. Embora ainda seja usado com algum benefício por alguns indivíduos, 40 anos de pesquisa confirmaram o que a maioria dos pais e donos de animais já sabe: em geral, a punição não é uma maneira especialmente eficaz de mudar o comportamento.

Certas pessoas vivem como se estivessem permanentemente tomando Antabuse, devido a uma deficiência natural na enzima que metaboliza o acetaldeído, ocasionada por uma variação genética comum. Tais mutações são bastante raras em pessoas de ascendência europeia, mas estão presentes em cerca de metade dos nativos asiáticos. Uma hora depois de consumir álcool, essas pessoas experimentam reações alérgicas, incluindo ruborização facial, urticária e falta de ar. Não admira que essa mutação diminua a tendência a beber de modo excessivo; contudo, isso não impede totalmente o alcoolismo, demonstrando a eficácia limitada da punição no comportamento. Outras pessoas têm deficiências na enzima primária responsável pelo metabolismo da nicotina, e para esses fumantes a concentração da droga no sangue aumenta e permanece alta por mais tempo. E como muito dessa droga é desagradável, essas pessoas são menos propensas a fumar, e quando o fazem têm mais chance de desistir com sucesso. Bola dentro para a punição positiva.

A punição negativa ocorre quando as coisas que reputamos prazerosas nos são tiradas como resultado de nosso comportamento. Por exemplo, podemos perder o emprego, o respeito próprio, o contato com a família ou ficar sem dinheiro no banco. De novo: os tribunais e as prisões estão cheios de pessoas para quem essa estratégia falhou. Seja como for, em geral a ameaça de perder tudo é insuficiente para os dependentes deixarem de usar a droga. Para alguns outros, porém, a punição negativa pode impedir que o uso se torne regular e ajudar a evitar o vício. A maconha produz efeitos notoriamente variados e subjetivos, incluindo uma tendência à sonolência em certos indivíduos, embora ainda não saibamos a razão. No entanto, como desmaiar não é uma boa forma de "festejar", eles parecem ser dissuadidos de fumar maconha com regularidade.

Meu amigo Levi era um ser humano maravilhoso mas também um alcoólatra crônico. Como ele e a esposa não conseguiam parar de beber, perderam a guarda de todos os seis filhos e, quando os conheci, estavam desolados e morando nas ruas de Boulder, no Colorado. Levi queria parar de beber mas simplesmente não conseguia ficar sóbrio durante dois dias consecutivos. Na época não era permitido comprar bebidas alcoólicas nos limites da cidade aos domingos, e talvez porque planejamento não era o forte dele, adotou uma solução à qual chamava de "White Lightning" ["Iluminação Branca", em tradução livre; provável menção a tabletes de LSD]. Usava um abridor de latas para fazer um orifício na parte inferior de uma lata de spray fixador de cabelos e consumia rapidamente aquele "coquetel", antes de se engasgar com o conteúdo. Também tomou Antabuse, o que tampouco o fez recuar. Sentia-se terrível, mas bebia direto em meio a um estado tóxico, argumentando que seu cérebro precisava de álcool, quer seu corpo gostasse ou não. Apesar de seu coração caloroso e dos dois tipos de punição, ele congelou quase até a morte uma noite após desmaiar nas margens do Boulder Creek.

Pode-se presumir que Levi tinha uma alta tolerância à punição, algo comum à maioria dos adictos, o que é parte da razão pela qual o tratamento punitivo não teve muito impacto. Também é verdade que mudanças dramáticas no equilíbrio dessas quatro forças — reforço positivo e negativo e punição positiva e negativa — ocorrem com o uso regular, de maneira que torna mais provável o vício. Rapidamente adquirimos tolerância aos efeitos de reforços positivos, ao passo que os efeitos de reforços negativos em geral se tornam mais fortes à medida que os usuários usam mais para evitar os sintomas associados à abstinência.

Em outras palavras, adictos podem ser aqueles que se sentem especialmente encantados pela qualidade das cenouras e imunes ao espancamento com cacetetes, como qualquer tribunal poderia atestar.

## Ações

Talvez pareça fácil pesquisar e entender o álcool. É difícil encontrar alguém não familiarizado com a droga, e a própria molécula é ilusoriamente simples, feita de não muito mais do que um par de átomos de carbono. O álcool etílico, ou etanol, aquele que bebemos, é facilmente produzido por fermentação, que ocorre quando o açúcar entra em contato com fermento e água. É provável que frutas podres e grãos de cereais umedecidos tenham sido os condutos para as primeiras percepções gustativas de nossos ancestrais, mas não demorou muito para que a fabricação de cerveja garantisse um suprimento constante — e isso desde, no mínimo, 11 mil anos atrás. Como o processo de fermentação é bastante simples, sua descoberta e exploração ocorreram em quase todas as culturas humanas.

### $C_2H_5OH$, a molécula do etanol

Em certas épocas e lugares, as bebidas alcoólicas naturais eram algo básico no hábito de todos os cidadãos, mas também eram usadas como remédios e em cerimônias sociais e religiosas. Por exemplo, os astecas reservavam o pulque, uma bebida tradicional feita de seiva de agave, para uso sagrado, exceto pelo fato de que pessoas com mais de 70 anos podiam beber quantas vezes quisessem. Na Índia, a *sura*, produzida a partir de arroz, trigo, açúcar e frutas, é popular há milênios, e sempre acompanhada de uma advertência contra o consumo excessivo.

Leveduras são micro-organismos vivos que não sobrevivem em um meio em cuja composição a participação do álcool supere a marca de 10% a 15%, portanto, a síntese natural de álcool produz uma bebida de concentração relativamente baixa. Mesmo hoje em dia, produtos autos-sintetizados, como cerveja e vinho, devem ser consumidos em quantidades relativamente grandes para produzir os efeitos desejados, tornando menos provável que as pessoas os consumam em excesso. No entanto, a descoberta da destilação, provavelmente pelos antigos gregos no primeiro século d.C., elevou de forma significativa o patamar de concentração alcoólica. A destilação envolve a ebulição como forma de coletar o álcool, que se evapora primeiro. Entre as bebidas destiladas estão o uísque, o rum, a vodka e a tequila, com teores alcoólicos que vão de 40% a 50%.

De maneira paradoxal, a simplicidade da molécula de etanol é o que a torna tão difícil de entender. Moléculas de cocaína, THC, heroína e ecstasy são muito maiores e mais complexas em termos estruturais, e portanto seus locais de ação no cérebro são muito específicos. Já a do álcool é tão pequena e ladina que suas ações são difíceis de ser caracterizadas. É fácil imaginar que há muito mais lugares para estacionar um skate do que um avião. Como o efeito de uma droga depende desse "estacionamento", ou "vínculo", e o álcool faz isso em vários locais, seus efeitos também são muito menos específicos.

Parte do álcool é metabolizada no estômago, embora mais nos homens do que nas mulheres, devido às diferenças entre os sexos no quanto à quantidade de enzimas presentes no suco gástrico. No entanto, ele sai do estômago a uma taxa que depende de quanta comida há, e até mesmo do tipo de comida, e vai direto para o fígado. Normalmente, o álcool é degradado a uma taxa constante, em contraste com outras drogas cujo metabolismo depende de suas concentrações, alcançando o equilíbrio no sangue e no cérebro em menos de uma hora. Esse metabolismo de "primeira passagem", na verdade todo o metabolismo do álcool, varia muito de uma pessoa para outra, com eficiência vinculada sobretudo a fatores como genética, histórico de bebida e de outras drogas e idade.

Para a maioria das pessoas, as enzimas hepáticas podem tratar de um pouco mais de uma dose de bebida por hora, à medida que o álcool é convertido em acetaldeído, depois em vinagre e por fim em dióxido de carbono e água.

O efeito provocado por qualquer droga é decorrente das ações químicas delas nas estruturas cerebrais. Para a maioria das drogas cujo consumo é excessivo, sabemos com exatidão quais estruturas são modificadas, e isso representa um bom ponto de partida para entender como agem para nos fazer sentir o que sentimos. A cocaína bloqueia uma proteína que recicla dopamina, e como esta substância permanece no organismo mais tempo do que o normal, nos sentimos eufóricos e energizados. Para o álcool, os alvos não são tão claros, o que significa que os mecanismos de embriaguez ainda estão sendo decifrados.

Eis o tanto que sabemos: o sentido de transcendência que senti no porão de uma amiga enquanto me encharcava de vinho era resultado de efeitos moleculares variados. Minha sensação de tranquilidade provavelmente se deveu à principal consequência neural da droga: facilitar a neurotransmissão do GABA, um dos neurotransmissores mais predominantes e *o* principal neurotransmissor inibitório no cérebro. Como a inibição mediada pelo GABA é aumentada pelo álcool, a atividade neural diminui. Em doses moderadas, há redução da ansiedade, mas concentrações mais altas produzem sedação e, eventualmente, sono (às vezes conhecido como desmaio). Realçar a atividade do GABA nas sinapses provavelmente me fez sentir muito relaxada.

O álcool também reduz a atividade dos receptores de glutamato, o principal neurotransmissor excitatório, então essa inibição do GABA de fato diminui a atividade elétrica dos neurônios. O glutamato também é fundamental para formar novas memórias, e se eu tivesse desmaiado naquele dia (isto é, esquecido trechos da experiência), a provável causa teria sido a capacidade do álcool de impedir a atividade do glutamato. Como o glutamato e o GABA são dominantes, o álcool retarda a atividade neural em todo o cérebro, não apenas em algumas vias, o que explica os efeitos globais da droga na cognição, na emoção, na memória e no movimento.

Como se dá com todas as drogas que causam dependência, o álcool produz mudanças subjetivas rápidas no afeto que são típicas da ativação mesolímbica, incluindo uma sensação de prazer e possibilidades. No caso do álcool, esse efeito, acredita-se, refletiria a ativação de receptores opioides por opioides endógenos, que levam à liberação de dopamina.

A mistureba farmacológica inclui uma série de outros efeitos, e a relação entre essas interações químicas e o que experimentamos é menos compreendida. Por exemplo, o álcool também retarda a atividade neural, impedindo a liberação de neurotransmissores por intermédio de suas ações nos canais de cálcio, que é um catalisador necessário para a exocitose — o processo pelo qual as vesículas sinápticas liberam neurotransmissores na cavidade entre os neurônios. Então, como a comunicação química entre as células é impedida, mensagens normais podem não ser enviadas, talvez contribuindo para confusões ou dificuldades com a fala ou outros movimentos. Em altas concentrações, o álcool também pode ter efeitos gerais sobre a integridade física das células cerebrais. As membranas dos neurônios são basicamente feitas de gordura. Banhá-las com álcool faz com que as membranas se tornem cada vez mais fluidas, e conforme a estrutura celular vai ficando comprometida, diminui a capacidade dos neurônios de conduzir informações, levando ao estupor ou à inconsciência. A droga também pode interagir com um tipo particular de receptor de serotonina, bem como receptores de acetilcolina, podendo afetar o humor e a cognição. Não causa espanto que tenhamos tido dificuldade em esclarecer suas ações no cérebro. Em comparação com praticamente todas as outras drogas consumidas de modo abusivo, que em geral interagem de uma forma muito específica com apenas um substrato neural, o álcool é tão promíscuo que é difícil definir como cada um de seus beijos químicos contribui para os efeitos intoxicantes que experimentamos.

Além de todas as interações clássicas de neurotransmissores que acabamos de descrever, o álcool interage com dezenas de peptídeos. Existem centenas de sistemas transmissores de peptídeos — cada qual objeto de intensas pesquisas. Meu objetivo ao analisar em detalhe a beta-endorfina, além de compartilhar um tópico de minha própria pesquisa, é ilustrar a abrangência e a profundidade da investigação sobre essa droga simples mas ainda assim complicada.

Sabemos há muito tempo que o uso do álcool leva rapidamente à síntese e liberação da beta-endorfina, uma sequência de 31 aminoácidos que acredita-se contribuir para os efeitos de relaxamento e euforia da droga ao aumentar os níveis de dopamina mesolímbica e inibir a resposta de "lutar ou fugir". Esse sistema é o alvo de uma das estratégias farmacêuticas para combater o abuso do álcool, a naltrexona, um parente da naloxona de ação mais longa e por via oral, comercializado como Narcan. Ambas as drogas acantonam-se firmemente nos receptores opioides, mas não os ativam. (Por isso são chamados de antagonistas opioides.) A naltrexona, comercializada como ReVia e Vivitrol, permanece nesses locais por períodos relativamente longos, de modo que quando uma pessoa ingere bebidas alcoólicas, qualquer atividade de endorfina é abortada. A naloxona/Narcan não fica por lá o tempo todo, mas, de maneira eficaz, reverte uma overdose de opiáceos encaixando-se melhor que estes no ponto de "estacionamento", e portanto expulsando-os. Meu interesse por esse peptídeo foi despertado muitos anos atrás, quando soube de uma série de estudos encabeçados por Christina Gianoulakis, da Universidade McGill. Ela e outros pesquisadores tinham visto diferenças na atividade natural da beta-endorfina entre as pessoas com alto risco e as com baixo risco de consumo excessivo de álcool. Ao longo dos anos, uma riqueza de dados provenientes de estudos sobre gêmeos demonstrou que cerca de 50% a 60% do risco de alcoolismo se devia a fatores hereditários.[2] E aqueles que têm uma história familiar de alcoolismo têm de três a cinco vezes mais chances de desenvolver a doença do que aqueles sem tal histórico,[3] não obstante os genes particulares responsáveis permaneçam largamente desconhecidos. A Dra. Gianoulakis e seus colegas mostraram que indivíduos com alto risco têm cerca de metade da quantidade de beta-endorfina no sangue em relação aos de baixo risco genético.[4] Jan Froehlich e seus colaboradores demonstraram que esses níveis vieram em grande parte de nossos genitores.[5] Mas o mais interessante para mim foi o fato de que o álcool era capaz de remediar tal deficit natural, em especial naqueles indivíduos que herdam um risco elevado de beber exageradamente e, quando o fazem, produzem peptídeo em excesso.[6]

Como a beta-endorfina contribui para uma sensação de bem-estar ao aliviar o estresse e facilitar as relações sociais, as pessoas com níveis naturalmente baixos podem experimentar em seu cotidiano menor sensação de segurança e pertencimento, mesmo quando crianças. Bem, até o álcool ser convidado para a festa! Dados como esses sugerem que alguns indivíduos são particularmente propensos a encontrar no álcool um elemento de reforço, pois podem usá-lo para remediar uma deficiência inata de opioides. Talvez o "buraco em minha alma" que finalmente senti preenchido lá no porão da minha amiga nada mais fosse do que uma inundação de endorfinas enfim abastecendo receptores desprovidos.

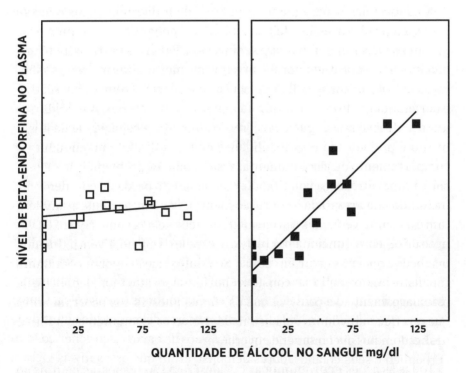

As diferenças hereditárias na sinalização da endorfina entre aqueles com baixo risco (esquerda) e alto risco (direita) para abuso de álcool. Dados adaptados de Gianoulakis et al., 1989.

## Efeitos

O álcool é uma marreta neurológica. Ao agir por todo o cérebro, influenciando inúmeros alvos, afeta na prática todos os aspectos do funcionamento neural. Uma ou duas doses ajudam a deixar as ideias meio borradas, e uma redução na ansiedade leva ao relaxamento. Mais algumas doses e a pessoa vai perdendo inibições à medida que o monitoramento cortical é interrompido e regiões subcorticais e "emocionais" são liberadas das restrições. Quando alguém se aproxima do limite legal de álcool no sangue, a sedação altera o comportamento e a fala e a coordenação ficam comprometidas. Beber ainda mais poderá fazer com que a pessoa perca a consciência. Tais efeitos justificam a classificação do álcool como hipnótico-sedativo.

A maioria das drogas é eficaz na faixa de miligramas, mas o álcool começa a produzir esses efeitos subjetivos apenas depois de uma dose quase cem vezes maior que essa ser ingerida. Para fins práticos, potência não importa, sobretudo porque nós inventamos muitas maneiras saborosas de colocar uma "colher de açúcar para fazer o remédio descer", e é perfeitamente legal consumir na maioria das situações. À medida que a concentração no sangue e no cérebro aumenta, a capacidade de julgamento é prejudicada e as habilidades motoras diminuem, enquanto o comportamento de risco aumenta, assim como os problemas de memória e a concentração, a volatilidade emocional e a perda de coordenação, incluindo fala arrastada e confusão mental. Por fim, as náuseas aumentam e o vômito vem, pois a área postrema, conhecida como centro de vômito do cérebro, funciona por reflexo e expele o veneno. Eventualmente, o bebedor poderá entrar em coma. Se a intoxicação ocorre com muita rapidez — por exemplo, ao consumir bebidas com alto teor alcoólico e de estômago vazio —, é possível que os efeitos anestésicos ocorram antes que o reflexo do vômito seja acionado. Nesse caso, quando o cérebro é desligado, é possível morrer de overdose.

Todas as ações neuroquímicas que descrevi são respostas neurais ao álcool; em outras palavras, representam muitos dos *processos a* da droga, os quais são produzidos de imediato em usuários novatos ou irregulares. É claro, contudo, que havendo exposição crônica, cada uma delas provoca um *processo b* complementar à medida que o cérebro se adapta para manter o equilíbrio fisiológico. Os sistemas GABA tornam-se menos sensíveis, e o glutamato mais sensível, fazendo com que o cérebro fique mais ativo na ausência do fármaco e produzindo grande parte da neuroexcitabilidade subjacente a sintomas físicos perigosos de abstinência alcoólica, incluindo convulsões. Em bebedores regulares também ocorre uma regulação negativa da síntese de endorfina, e é provável que isso contribua para o estado de mal-estar geral experimentado durante a abstinência precoce. Naturalmente, essas mudanças minam os efeitos desejados pelo bebedor.

As consequências da intoxicação podem ir além do aspecto exclusivamente individual. Por exemplo, a capacidade de julgamento prejudicada pode resultar em comportamento sexual inapropriado, infecções sexualmente transmissíveis e gravidez indesejada. Também pode contribuir para agressão sexual, estupro e trauma sexual. Nos Estados Unidos, por ano, perto de 700 mil estudantes entre 18 e 24 anos de idade são agredidos por um colega que havia se embebedado. Além disso, cerca de 1/3 de todas as mortes por acidentes de trânsito nos EUA estão relacionadas à intoxicação alcoólica, e diversos estudos descobriram uma alta correlação entre o abuso de substâncias e a violência entre parceiros íntimos.

O consumo excessivo e crônico ocasiona problemas cardiovasculares, incluindo derrame e pressão alta; problemas hepáticos, como esteatose (fígado gorduroso), hepatite alcoólica, fibrose e cirrose; pancreatite; e aumento do risco de vários tipos de câncer (incluindo boca, esôfago, laringe, faringe, mama, fígado, cólon e reto). Mas até mesmo beber com moderação é prejudicial. Um estudo recente avaliou os efeitos de beber em mais de meio milhão de pessoas em todo o mundo e descobriu que mesmo um drinque por dia está associado a diversas doenças (incluindo câncer e problemas cardiovasculares) que levam à morte prematura.[7] Quanto mais as pessoas bebem, pior o resultado: cerca de dois drinques por dia encurtam um ano ou dois de vida, e a redução da ingestão aumenta a expectativa de vida. Além disso, o uso de álcool durante a gravidez pode levar a um extenso rol de deficiências em crianças, sendo a mais grave a síndrome alcoólica fetal, caracterizada por deficiências intelectuais, atrasos na fala e na linguagem, precariedade nas habilidades sociais e, às vezes, deformidades faciais.

A despeito dessas consequências sombrias, parece que a droga nunca é suficiente, nem em quantidade nem na rapidez com que podemos obtê-la. Nos Estados Unidos, mais de 1/4 das pessoas acima de 18 anos relataram que se envolveram em bebedeiras durante o mês anterior. Esse padrão é ainda mais predominante entre os estudantes universitários: quase 40% deles relataram consumo excessivo de álcool no mês anterior. Seja causa ou efeito, cerca de metade desses estudantes (20%) enquadra-se nos critérios de transtorno por uso de álcool e 25% relatam efeitos negativos nas atividades acadêmicas. Beber de modo compulsivo é arriscado para qualquer um, mas em particular para aqueles cujos cérebros ainda estão em fase de desenvolvimento. O impacto de altas concentrações de álcool durante esse período "plástico" leva a alterações duradouras na estrutura e função do cérebro e a chance de que isso resulte em um transtorno do uso de álcool é elevada. O inverso também é verdadeiro: uma das maneiras mais eficazes de reduzir o risco de dependência é evitar a intoxicação durante períodos de rápido desenvolvimento do cérebro. As pessoas que começam a beber no início da adolescência, como foi meu caso, têm pelo menos quatro vezes mais propensão de cumprir os critérios de um transtorno por uso de álcool. Na verdade, o risco de abuso e dependência de substâncias diminui cerca de 5% a cada ano adicional entre os 13 e os 21 anos.[8] Contudo, os jovens são especialmente inclinados ao consumo excessivo de álcool, em parte porque são neurobiologicamente preparados para buscar e apreciar experiências de alto risco. Embora seus pais não apreciem, nos adolescentes essas tendências são apropriadas para promover o desenvolvimento de metas adultas e a formação da identidade.

Uma "maratona" alcoólica, que, segundo dados dos EUA, para mulheres consiste em mais de quatro drinques em duas horas e para homens, mais de cinco, é suficiente para elevar as concentrações sanguíneas acima do limite legal de conduzir um automóvel. A diferença de dosagem entre os sexos se deve ao fato de que é preciso menos álcool para as mulheres atingirem as mesmas concentrações sanguíneas que os homens. Isso se deve às diferenças na concentração da enzima ALDH no intestino, mencionada anteriormente, bem como às diferenças entre os sexos na proporção de gordura corporal. Um homem geralmente tem mais sangue do que uma mulher do mesmo peso que ele, uma vez que as mulheres têm uma proporção maior de gordura corporal, e esta requer menos sangue do que o músculo. Volumes de sangue mais baixos e metabolismo mais lento também podem explicar em parte o mergulho mais acentuado na embriaguez em mulheres alcoólatras, que progridem com maior rapidez para danos nos órgãos, uso desordenado e óbito.

Os efeitos do álcool dependem também de fatores ambientais. Por exemplo, a droga produzir mais sedação ou euforia depende, em parte, de o consumo ocorrer ao mesmo tempo em que a pessoa busca consolo por ter sido despedida do emprego ou por estar comemorando uma promoção. Há também grande variação cultural nas maneiras pelas quais as pessoas expressam sua intoxicação. A cena em um bar pode parecer muito diferente em Tóquio, Belfast e Copenhague, uma vez que os costumes sociais moldam o comportamento a ponto de tornar difícil para um visitante alienígena aceitar que estávamos todos experimentando a mesma molécula. E, em termos individuais, as distinções na química do cérebro podem produzir um equilíbrio diferente de efeitos prazerosos e desagradáveis. Drogas estimulantes como a cocaína e a anfetamina produzem efeitos muito mais universais, em parte porque suas ações no cérebro são bastante precisas.

A sedação, via de regra, não é tão apreciada quanto a estimulação, e é por isso que, apesar de sua popularidade, o álcool não é tão viciante como outras drogas. Mais de 85% dos adultos do mundo bebem, mas apenas 1/10 deles desenvolve um problema. Além disso, embora a molécula do etanol em todas as bebidas alcoólicas seja a mesma, bebidas distintas contêm diferentes constituintes ou impurezas do processo de destilação, muitas vezes ligadas à fonte — tequila tem mais constituintes que a vodka —, que podem afetar a experiência de intoxicação e abstinência (isto é, podem produzir uma ressaca pior).

## Consequências

Todo comportamento, inclusive o vício, depende de algum modo do contexto. Meu uso se deu em meio ao último quarto do século XX, social e culturalmente muito distinto do novo milênio. Não sei ao certo o quão diferentemente bebíamos — talvez os nomes e os jogos tenham mudado —, mas com certeza as consequências variaram. Por exemplo, no começo de uma noite, quando eu tinha apenas 15 ou 16 anos e já possuía uma permissão para dirigir, decidi sair de casa depois do jantar para praticar minhas habilidades ao volante. É difícil imaginar agora, pois as coisas mudaram muito, mas dirigindo para leste em direção ao oceano, ultrapassei um sinal vermelho e fui pega com um cigarro de maconha e uma cerveja entre as pernas. Enquanto a fumaça subia pela janela, o policial me puxou para o lado, e com uma expressão que misturava preocupação e surpresa, me alertou para "ter cuidado"! Em outra ocasião, uma amiga e eu recebemos ordem para encostar enquanto dirigíamos pela Dixie Highway nas primeiras horas da manhã e só recebemos uma advertência depois que garantimos ao policial que poderíamos ir para casa em segurança. Duvido que haja muitos lugares nos EUA hoje em dia onde isso aconteceria.

Ainda que tais transigências sejam coisa do passado, o consumo per capita, aqui e no mundo, tem aumentado bastante desde meu auge enquanto usuária. O uso excessivo de álcool agora resulta em cerca de 3,3 milhões de mortes em todo o mundo anualmente.[9] Na Rússia e em seus antigos estados satélites, uma em cada cinco mortes de pessoas do sexo masculino é causada pelo abuso de álcool. E, nos Estados Unidos, no período entre 2006 e 2010, o uso excessivo de álcool foi responsável por quase 90 mil mortes por ano, sendo que uma em cada dez foi de adulto na faixa de 20 a 64 anos, traduzindo-se em 2,5 milhões de anos de vida potencial perdida. Mais da metade dessas mortes e 3/4 dos anos de vida potencial perdidos ficou na conta do abuso no consumo alcoólico.

O uso do álcool também contribui de modo substancial para acidentes automobilísticos e surtos de violência doméstica e de outra ordem. Em 2016, nos EUA, por volta de 1/3 de todas as passagens por lesões nos postos de pronto-atendimento estavam relacionadas ao álcool. Diante de tudo isso, talvez seja surpreendente que seja apenas a segunda droga mais letal — atrás não dos opiáceos, como se poderia suspeitar depois de ler quase qualquer jornal ou revista norte-americana, mas de outra substância legalizada: o tabaco. Na realidade, o álcool matou cerca de duas vezes mais pessoas em 2016 nos EUA do que os opióides prescritos e as overdoses de heroína combinados, e mesmo este número seria quase três vezes maior se incluísse mortes relacionadas ao alcoolismo.

A baixa potência do álcool no cérebro, portanto, é incongruente com sua influência desproporcional no sofrimento humano: para uma minoria relevante (entre 10% e 15%) e suas comunidades, as consequências do vício em álcool são devastadoras, e é a terceira maior causa de óbitos evitáveis.[10] Para tanto, contribui o fato de que essa droga é insidiosa, capaz de influenciar toda sorte de sistemas neurais, e sua facilidade de produção colabora e muito com sua trivialidade no meio social.

O álcool é parte integrante de nossa cultura, tão inserido nela que pode ser quase impossível distinguir as maneiras pelas quais todos nós participamos da insustentável epidemia de alcoolismo. Assim, caminhamos sobre uma linha tênue, olhando em volta de relance, procurando enxergar as maneiras como contribuímos, mas sobretudo andando de olhos baixos, talvez do jeito que meu colega se sentiu ao me encontrar no corredor após minha bem-sucedida defesa de tese.

Não foi apenas a tradição de um brinde com champanhe que me separou de meu colega naquele dia; foi o abismo entre aqueles que podem e aqueles que não podem em um mundo que praticamente gira em torno de beber. Isso até poderia não ser tão terrível, exceto pelo fato de que muitos de nós estão morrendo enquanto nossos vizinhos, amigos e colegas de trabalho continuam alegremente indiferentes.

E a negação coletiva tem implicações reais e crescentes. Aumentos adicionais no consumo alcoólico são de fato bem-vindos para alguns. A receita anual mundial das vendas de álcool é de cerca de US$150 bilhões. A Diageo e a Anheuser-Busch InBev são duas das principais produtoras globais e têm margens de lucro líquido de cerca de 25%, já que investem mais em marketing do que na folha de pagamento. Em seu relatório anual de 2013, a Anheuser-Busch InBev declarou sua meta de "criar novas ocasiões para compartilhar nossos produtos com os consumidores". Isso parece engraçado, pois obviamente não se está criando a ocasião, mas a desculpa para usar uma ocasião para beber. Essas empresas demonstram sua familiaridade com os princípios de aprendizado psicológico ao trabalharem para associar contextos ao álcool, observando que "os insights nos permitiram criar e posicionar produtos para momentos específicos de consumo: curtir um jogo ou evento musical com amigos, relaxar depois do trabalho, comemorar uma ocasião festiva ou compartilhar uma refeição". Nesse mesmo sentido, em 2014 a British Beer Alliance, um consórcio de grandes cervejarias britânicas, investiu £10 milhões na campanha de marketing "There's a Beer for That" ["Há uma Cerveja para Isso", em tradução livre], Com o objetivo de mostrar "a variedade de cerveja disponível no Reino Unido e como esses diferentes estilos funcionam perfeitamente em uma ampla variedade de ocasiões".

Considerando que mesmo em novas ocasiões pode-se presumir um limite naquilo que os mercados existentes podem absorver, essas e outras grandes empresas também se concentraram em expandir as vendas, buscando novos clientes em mercados antes inexplorados em países de baixa e média renda. Conseguem isso formulando produtos baratos para mercados de massa. Por exemplo, a SABMiller, agora uma divisão da Anheuser-Busch InBev, oferece o Chibuku Shake-Shake {"Mexe-Mexe", em tradução livre] em toda a África. A Chibuku foi a primeira cerveja a ser fabricada na década de 1950 por um cervejeiro alemão que trabalhava na Zâmbia usando sorgo, milho e mandioca. A filtragem da bebida é relativamente grosseira, de modo que a fermentação continua após o acondicionamento, feito muitas vezes em embalagens de papelão que precisam ser sacudidas para misturar partículas de amido, levedo e germe de plantas — o que explica seu nome divertido e seu baixo preço. Pequenos sachês plásticos de álcool também são cada vez mais comuns em muitos países africanos. Ao mesmo tempo, promove-se marcas ocidentais para consumidores de classe média em países de baixa renda como símbolo de status. Por exemplo, a Diageo afirma que a Snapp, sua bebida alcóolica de maçã, fornece às mulheres africanas uma bebida "mais refinada do que cerveja, com toques de diferenciação e sofisticação". Ao mesmo tempo, parece haver esforços para garantir as próximas gerações de consumidores, com o desenvolvimento de cervejas com sabor frutado, provavelmente melhor tolerado pelos bebedores mais jovens.

Levando em conta que o consumo excessivo de álcool custou aos EUA, em 2010, cerca de US$249 bilhões — em face da redução da produtividade no local de trabalho, aumento das despesas com assistência médica e outros, como gastos com justiça criminal, custos de acidentes de carro e danos materiais —, um montante equivalente a pouco mais de US$2 por drinque, pode parecer que o país está subsidiando lucros corporativos. E de fato, além das campanhas públicas de marketing, nos Estados Unidos, em 2014, as empresas de bebidas alcoólicas declararam gastar US$24,7 milhões com lobistas e US$17,1 milhões em contribuições de campanha para apoiar políticos ou partidos específicos. Talvez esses relacionamentos tão calorosos façam parte do motivo pelo qual a indústria de bebidas alcoólicas tem crescido a uma velocidade vertiginosa — mais de 10% de aumento a cada cinco anos nas últimas décadas. Tais estratégias são obviamente eficazes caso nossa motivação seja o lucro, mas considerando os custos humanos, elas são moralmente questionáveis.

O que podemos fazer de diferente? Para começar, trabalhar no sentido de garantir mais espaços nos quais não beber não seja apenas tolerável, mas aceitável. Além de oferecer mais opções de bebidas, poderíamos transmitir essa aceitação vendo e ouvindo um ao outro, colocando o "social" de volta na bebida. Ao colocar isso em prática, poderemos notar que ao menos alguns dos que encontramos estarão mais satisfeitos pela amizade do que pela embriaguez.

# 6
+ + +

## A Classe dos Depressores: Tranquilizantes

> E embora ela não esteja realmente doente
> Há um comprimidinho amarelo
>
> —Keith Richards e Mick Jagger, "Mother's Little Helper" (1966)

## Mother's Little Helper

Apesar de ser notório o uso de drogas ilícitas nos anos 1960 e 1970, o vício em drogas legalmente prescritas, como imortalizado pelos Rolling Stones na canção "Mother's Little Helper" ["O Pequeno Ajudante da Mãe", em tradução livre] era algo muito comum. E continua hoje em dia. Os versos dos Stones se referiam ao Miltown, um membro da classe dos hipnóticos-sedativos que rapidamente se tornou um best-seller, respondendo por 1/3 de todas as prescrições médicas apenas dois anos após sua introdução, em 1955. Durante o período de 1955 a 1960, bilhões de pílulas de Miltown foram fabricadas, com as pessoas em todo o mundo parecendo não poder obter ajuda farmacológica suficiente. Antigamente, acreditava-se que esses medicamentos tinham pouco risco de causar dependência (aliás, esse também era um período tranquilo para o tabaco, antes que se reconhecesse a ligação entre tabagismo e câncer). Assim que a patente de uma droga era derrubada, outras similares estavam na fila para tomar seu lugar. Por exemplo, na década de 1970, o Valium era a marca de remédio mais receitada nos Estados Unidos, usado por cerca de uma em cada cinco mulheres. Também foi a principal causa de emergências médicas nos postos de pronto-socorro, mais do que todas as drogas ilícitas combinadas. Embora a overdose de Valium seja praticamente impossível, os sintomas de abstinência são tudo, menos banais; em combinação com tolerância e compulsão, essas drogas são muito viciantes. Não obstante, em 1980, 2,6 bilhões de comprimidos foram distribuídos, o que representa quase cem doses por pessoa.[1] A partir daí, pequenas modificações na formulação garantiram um fluxo constante de produtos patenteáveis e o uso desses medicamentos viciantes tornou-se mais elevado do que nunca. Em 2013, cerca de 6% dos adultos dos EUA obtiveram mais de 13 milhões de prescrições de hipnóticos-sedativos.

A necessidade por essa classe de drogas era, e continua sendo, real. Pacientes maníacos, incluindo aqueles que sofrem de depressão bipolar ou esquizofrenia, podem ficar presos em uma espécie de ciclo de feedback positivo, em que os delírios aumentam à medida que o sono diminui. Tal como uma criança exausta, alguns pacientes acham praticamente impossível descansar, enquanto pensamentos e comportamentos se tornam mais e mais problemáticos. Durante séculos, a contenção involuntária foi a única estratégia disponível para ajudar essas pessoas a se acalmarem, provavelmente piorando a condição pessoal delas. No final do século XIX, o ópio surgiu como opção, sendo usado em coquetéis contendo substâncias derivadas de plantas — algumas das quais eram tóxicas. O primeiro remédio verdadeiro indutor de sono foi o hidrato de cloral, talvez familiar para alguns, já que, em gotas, era misturado ao álcool para formar o Mickey Finn [um drinque]. Uma série de outros compostos, como brometos, foram populares por um curto período, mas todas essas drogas tinham uma janela terapêutica muito estreita. Isso significa que a diferença entre uma dose eficaz e uma overdose é pequena, e na verdade estreita-se mais com o uso repetido. Até o desenvolvimento dos barbitúricos, a alta toxicidade dessas drogas simplesmente não tinha como ser evitada. Entre seus efeitos colaterais incluem-se vômitos, confusão, convulsões, arritmia cardíaca e até coma.

Então, em 1864, Adolf von Baeyer (agraciado com o Nobel por suas contribuições para a química orgânica) sintetizou o primeiro barbitúrico em laboratório, a malonilureia, a partir da ureia, um produto da urina, e do ácido malônico, derivado de maças. Foram necessários cerca de 40 anos de trabalho, mas Baeyer acabou introduzindo o ácido dietilbarbitúrico,[2] dando início a um período de zelo do consumidor e lucros corporativos que permanecem fortes até hoje. A malonilureia, mais co-

A Classe dos Depressores: Tranquilizantes     87

nhecida como ácido barbitúrico, foi imediatamente reconhecida como uma forma de tratar pacientes em situação muito difícil, em particular aqueles com doença mental grave, mas também era usada para tratar insônia e epilepsia e como anestésico cirúrgico.

A popularidade dos barbitúricos cresceu com rapidez. Na década de 1920, eram praticamente o único tratamento para condições que se beneficiavam da sedação. No entanto, em 1960, o Valium foi introduzido no mercado, iniciando uma segunda onda dessa revolução farmacológica. Todos esses compostos são sedativos, pois induzem relaxamento muscular e psíquico; "hipnótico" se refere às suas propriedades indutoras do sono. Como estresse, ansiedade e insônia são mazelas comuns, faz sentido a popularidade adquirida por essas drogas assim que foram disponibilizadas. Até o momento, infelizmente, o problema com todas as drogas que foram desenvolvidas para tratar essas questões graves é que, com o uso regular, provocam um processo oponente, trazendo de volta, portanto, o estado para o qual foram projetadas para remediar. O insone fica sem sono. Os ansiosos ficam com os nervos destruídos.

Como muitas pessoas, eu gostava bastante dessas drogas e muitas vezes as usava alternadamente com estimulantes — estes, se precisasse trabalhar ou estivesse planejando uma grande noite de festa; aqueles, se quisesse dormir ou apenas me sentir calma. Imaginava que havíamos evoluído para além dos altos e baixos naturais, incluindo os estimulantes convencionais como a cafeína, e não via razão para não calibrar meus próprios estados de excitação conforme se fazia necessário. O que mais gostei da classe dos depressores foi a sensação de me sentir distante de meus sentimentos. Em algum momento no meio do meu período mais baixo, um de meus avôs morreu e fui convidada para o funeral. Amava muito meus dois avôs; este que acabara de falecer parecia ver apenas coisas boas em mim, apesar da falta de provas. Trabalhava como mestre confeiteiro para hotéis elegantes quando emigrou da Suíça após a Primeira Guerra Mundial, e certa vez assou biscoitos que soletravam "Feliz Aniversário, Judy" para uma celebração especial. Era gentil e amoroso; seus olhos azuis brilhantes pareciam contentes em me ver, não importando minha condição.

De todo modo, estava triste por ele ter falecido, ou pelo menos pensava estar. Compareci ao seu funeral completamente entorpecida com quaaludes. A certa altura, percebi que todos na sala pareciam muito tristes, fiquei preocupada que meu rosto não estivesse apresentando uma expressão apropriada, pois eu não estava sentindo nada. Na verdade, me parecia como se tivesse acordado de um sonho em que estava completamente perdida, então era bem provável que estivesse exibindo uma careta estúpida. Enquanto tentava "me endireitar" e "agir com compostura" (minhas principais ocupações na época, junto com tentativas de permanecer chapada), procurava forjar um semblante mais contrito, e fazia isso com relação a cada um ali, adaptando meus recursos para combinar com a expressão individual das pessoas enlutadas. Vários anos depois, em tratamento e sóbria pela primeira vez em anos, enfim tive a oportunidade de prantear e soluçar sozinha por quase dois dias.

Embora dificilmente recreativas na acepção estrita do termo, essas drogas têm enorme apelo para muitos de nós porque sentimentos podem ser muito desconfortáveis. Que bom simplesmente flutuar em meio a um crepúsculo eterno, estar de algum modo alheia ao pântano de angústia que vem com a consciência. O trabalho era mais tolerável, os aborrecimentos menos irritantes, e fealdade, dor e morte, menos insuportáveis. Tal como aqueles grandes travesseiros confortáveis que lhe dão quando está grávida, essas drogas proporcionam a ilusória sensação de estar sã e salva e entorpecem qualquer experiência interior.

Dois paralelos são dignos de nota. O primeiro é a semelhança entre os surtos de uso de hipnóticos-sedativos em meados do século XX e o uso de opiáceos no início do século XXI. O que está em voga em qualquer época reflete o contexto social. Os medicamentos ansiolíticos (benzodiazepínicos) eram especialmente populares antes e durante o "movimento de libertação", como se o estresse provocado pela conscientização criasse uma necessidade maior de alienação (ou o contrário: sedativos podem nos ajudar a não abordar problemas sociais ou injustiças pessoais). Da mesma forma, a epidemia de opiáceos pode refletir uma relutância em lidar com o sofrimento — em nossas próprias vidas, mas também no coletivo, à medida que aos poucos passamos a encarar nossa cumplicidade na miséria do mundo, e o noticiário, todos os dias, torna ainda menos possível escapar de grandes e pequenas tragédias. Ou podemos especular que o declínio no uso de tranquilizantes, causado sobretudo pelas críticas via imprensa e a pressão sobre os médicos para reduzir o número de prescrições, está relacionado ao aumento do uso de álcool. Não seria de admirar, pois essas drogas representam essencialmente o álcool em forma de pílula. A questão a realçar é que sempre haverá algo disponível para amenizar a necessidade de escapar da experiência humana.

## Barbitúricos

Ao longo do século XX, mais de 2,5 mil tipos diferentes de barbitúricos foram sintetizados. Desses, cerca de 50 foram colocados em uso clínico (mesmo assim, não foi fácil dar esse salto). Seu uso tornou-se muito difundido, e ainda são as drogas preferidas contra algumas formas graves de insônia e epilepsia.

A denominação "barbitúrico", cunhada por Baeyer, pode ter sido inspirada em sua amiga Bárbara, ou de sua celebração da descoberta em um bar próximo, frequentado por oficiais de artilharia que estavam comemorando o dia de sua padroeira, Santa Bárbara. Seja como for, após a descoberta em laboratório de Baeyer, dois pesquisadores alemães, Josef Freiherr von Mering e Emil Fischer, produziram o primeiro barbitúrico a chegar ao mercado. Já em 1882, os médicos apreciavam os efeitos da droga no sono, e em 1903 o ácido dietilbarbitúrico era comercializado na forma de uma pílula para dormir sob a marca Veronal. Os norte-americanos ardilosamente mudaram o nome para barbital durante a Primeira Guerra Mundial, a fim de permitir a fabricação de produtos alemães nos Estados Unidos sem ter que pagar royalties.

O barbital era uma droga maravilhosa. A capacidade de sedar e promover o sono em pacientes clínicos não era um feito qualquer. Um psiquiatra italiano, Giuseppe Epifanio, foi o primeiro a relatar esse efeito em um artigo publicado em 1915, embora tenha sido durante a guerra e, escrito em italiano, não tenha obtido muita repercussão. No artigo, descreveu o resultado de ministrar fenobarbital em uma garota de 19 anos com psicose maníaco-depressiva resistente. Ela não só caiu em um sono profundo como entrou em uma remissão prolongada. Por fim, as "curas de sono" que consistiam em terapia prolongada do sono, aplicadas durante a década de 1920, foram o único tratamento farmacológico para a psicose. Essa terapia estendeu-se também para autismo, delirium tremens e abstinência de morfina.

Logo se constatou que essas drogas também poderiam ajudar pacientes epilépticos. A descoberta, acidental, foi de um médico que, frustrado por ter seu sono interrompido por pacientes epilépticos com convulsões durante a noite, administrou-lhes fenobarbital. Ele ficou agradavelmente surpreso ao verificar uma queda muito expressiva na frequência e intensidade dos ataques sofridos por seus pacientes, muitos dos quais foram capazes de deixar as instituições onde estavam internados e viver vidas relativamente normais. O fenobarbital é hoje o medicamento antiepiléptico mais prescrito no mundo, apelidado de "rei dos barbitúricos".

Diversos medicamentos análogos foram sintetizados — alguns têm melhor eficácia (força) e ação mais curta, evitando a sonolência no dia seguinte. Logo chegaram ao mercado o Amytal (amobarbital), o Seconal (secobarbital), o Nembutal (pentobarbital) e o Pentotal (tiopental). Não demorou para que pessoas que não eram pacientes psiquiátricos ou epilépticos começassem a tomar essas pílulas para ajudá-las a dormir ou relaxar, e uma grande parte começou a explorar alguns dos benefícios não medicinais — embora às vezes seja difícil fazer a distinção — e se tornar viciada. A despeito da regulamentação a partir de 1938 pela FDA, essas drogas se tornaram cada vez mais populares. Muitos também começaram a combinar barbitúricos com álcool para aumentar o efeito ou os tomavam de maneira alternada com estimulantes para diminuir a sonolência. Mais recentemente, cogita-se que sua coprescrição com opiáceos tem colaborado para um surto de overdoses fatais.

Quando os EUA entraram na Segunda Guerra Mundial, os norte-americanos estavam consumindo mais de um bilhão de barbitúricos por ano, e à medida que a produção crescia para suprir a demanda, também aumentavam o vício e as overdoses. A capacidade de relaxar ou dormir "sob demanda" tem forte e amplo apelo, mas pode ser especialmente atraente para aqueles que precisam se apresentar aos olhos do público. De acordo com seu atestado de óbito, Marilyn Monroe morreu de "intoxicação aguda por overdose de barbitúricos" em 5 de agosto de 1962, depois de ingerir quase 50 comprimidos de Nembutal. Só em 1968, no Reino Unido, as receitas prescrevendo barbitúricos chegaram a 24,7 milhões. Mais ou menos na mesma época, Jimi Hendrix asfixiou-se em seu próprio vômito em Londres após consumir muitas vezes a dose letal de Vesparax, uma combinação de dois barbitúricos e um anti-histamínico, para aumentar o tempo de duração do efeito da droga. Mais recentemente, Michael Jackson não resistiu a uma dose maciça de Propofol, que seu médico particular administrou para ajudá-lo a dormir. O anestésico, de ação muito curta, não compartilha a estrutura do barbitúrico, mas age de maneira semelhante. É um anestésico muito bom porque tem ação muito rápida e meia-vida curta, mas como toda droga desse tipo, assim como o restante das estratégias farmacológicas de Jackson, as doses têm que aumentar conforme a tolerância se desenvolve, tornando a janela terapêutica mais estreita e aumentando o risco de overdose acidental com o passar do tempo.

Por falar nisso, os inventores dos barbitúricos, os químicos Fischer e von Mering, morreram de overdose depois de anos de dependência. Conforme crescia o reconhecimento dessa responsabilidade, leis regulando a distribuição e venda de barbitúricos foram promulgadas. A Organização Mundial da Saúde recomendou, nos anos 1950, que, como se afastar das drogas era muito problemático, a posse delas deveria ser permitida somente mediante receita médica. Não obstante, na década de 1960 ainda havia centenas de milhares de indivíduos dependentes, e os Estados Unidos ainda produzem cerca de 30 comprimidos por pessoa por ano, o que os torna, entre outras coisas, uma opção conveniente para cometer suicídio.

Houve outros usos, intencionalmente nefastos, para essas drogas. Em meados da década de 1950, estudos no Canadá financiados pela Agência Central de Inteligência dos Estados Unidos usaram a chamada "direção psíquica" — em essência, lavagem cerebral, combinando propaganda [ideológica] com barbitúricos. A mídia foi altamente crítica quanto a tais estudos, que cessaram ou passaram a ser feitos por debaixo dos panos. Na mesma linha, as agências de inteligência em todo o mundo valem-se da capacidade dos barbitúricos de diminuir as inibições. Ao coibir o controle inibitório — ou frear a regulação neural —, várias drogas dessa classe foram testadas e às vezes usadas como "soro da verdade". O amital sódico e o pentotal sódico foram usados como agentes coadjuvantes para o exercício da narcoanálise — psicoterapia conduzida durante um sono drogado —, que foi muito difundida na época da Segunda Guerra Mundial.

Em termos de uso nefasto dos barbitúricos, a coroa fica com o assassinato administrado pelo Estado. Trinta e três estados, além das forças armadas e do governo federal dos EUA, autorizam a pena capital. O método preferido é por injeção letal, e desde 1976, 1.483 execuções foram realizadas usando esse método. Utiliza-se um coquetel de três drogas: o barbiturato de sódio tiopental é usado para induzir a inconsciência, uma outra para paralisar os músculos e uma terceira para interromper os batimentos cardíacos. O fabricante norte-americano de tiopental sódico parou de fabricar a droga depois que sua produção se mudou para a Itália e o governo de lá ameaçou proibir sua exportação, a não ser que a empresa garantisse que não estava sendo utilizada para esse fim. A escassez arrefeceu um pouco o ritmo das execuções.

Barbitúricos também são usados como anestésicos em cirurgias, no tratamento da epilepsia e para ajudar a reduzir a pressão intracraniana após lesão cerebral traumática. No entanto, na década de 1960, outra classe de hipnóticos-sedativos, também agonistas do $GABA_A$, foi introduzida — os benzodiazepínicos [BZD] —, que eram supostamente muito mais seguros e menos viciantes que seus predecessores. Como todos sabiam, essas alegações eram exageradas. Milhões de indivíduos estão agora viciados em BZD, mas olhando pelo lado positivo, não é possível ter uma overdose de BZD sem misturá-los com outras drogas, então o mercado deve permanecer forte.

## Os BZD

O receptor $GABA_A$ é a porta de entrada das drogas hipnótico-sedativas. O GABA é o neurotransmissor inibitório mais onipresente e modula praticamente o circuito cerebral inteiro e todo o comportamento. Centenas de diferentes drogas agem nos receptores GABA. A maior parte delas tem como alvo o receptor $GABA_A$, um complexo de cinco proteínas que forma um anel ao redor de um poro central na membrana celular que permite a passagem dos íons de cloreto para a célula. Como o cloreto é negativamente carregado, quando o receptor é ativado pelo GABA ou uma droga imitadora, a corrente de cloreto torna a célula mais negativa do que o normal. Com isso, a excitabilidade do neurônio diminui, tornando mais lenta a comunicação célula a célula. Isso faz com que essas drogas sejam um tratamento eficaz para a epilepsia. Este mal é um distúrbio caracterizado por convulsões recorrentes cuja causa está na transmissão excessiva de célula para célula. Muitas drogas antiepilépticas funcionam aumentando o fluxo de cloro através do canal $GABA_A$.

**Receptor $GABA_A$**

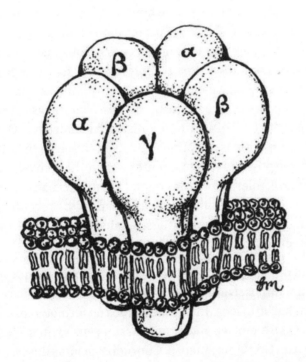

Embora todos os hipnóticos-sedativos facilitem a atividade nesse receptor, este pode variar de uma pessoa para outra. Existem 19 subunidades distintas que podem agrupar a membrana celular para formar o complexo receptor e mais de mil estruturas possíveis para esse único receptor. Cada um desses receptores estruturalmente distintos tem uma farmacologia única — alguns mais sensíveis ou menos a drogas específicas, por exemplo.[3] As diferenças individuais entre as pessoas quanto aos efeitos de recompensa de uma droga, bem como o desenvolvimento de tolerância ou dependência, têm sido associadas a distinções estruturais no receptor $GABA_A$.[4] Por exemplo, se você consegue ou não beber todas até ficar embriagado, ou se é conhecido como "peso leve" por ficar bêbado à toa, isso tem sido atribuído à composição específica das subunidades. As diferenças estruturais também podem conferir variação individual na sensibilidade a dor, ansiedade, depressão pré ou pós-parto, diagnóstico do espectro do autismo e necessidade de sono, entre outros.

Então, o que determina a estrutura específica de seu receptor $GABA_A$? Isso depende em parte do que herdamos, mas também de uma série de outros fatores, e é aí que as coisas ficam ainda mais interessantes e complicadas. Regiões variadas do cérebro e tipos distintos de células são preenchidos com diferentes receptores, mas eles também mudam em função de nossa idade e período de desenvolvimento, marcas epigenéticas relacionadas às experiências de nossos antepassados e nossas próprias experiências — incluindo o histórico de drogas. O *processo b* para todos os hipnóticos-sedativos envolve alterações nos receptores $GABA_A$ para que possamos ser coerentes e em linha com os medicamentos a bordo (isto é, tolerantes). Mas quando as drogas não estão correndo pelo nosso sangue e inundando nossas sinapses, os receptores ficarão subestimulados e nos sentiremos tensos e ansiosos, talvez até a ponto de ficarmos apreensivos.

A principal diferença entre os BZD e os barbitúricos é que a overdose é praticamente impossível apenas com os benzodiazepínicos e um tanto provável com barbitúricos. Em geral, ambos os fármacos agem em conjunto com o GABA em seu receptor, e assim seus efeitos são limitados pela presença do GABA na sinapse. Contudo, em altas doses, os barbitúricos podem imitar o GABA e abrir o canal de cloreto diretamente. Isso permite que refreiem a excitação e inibam a liberação de neurotransmissores, talvez de tal forma que a atividade cerebral necessária à vida seja interrompida. Por isso eles são muito mais tóxicos. Devido a seu perfil de segurança, é relativamente simples obter uma receita de um benzodiazepínico para tratar qualquer ansiedade ou certos distúrbios do sono. Também podem ser usados como relaxante muscular, durante a abstinência de álcool ou antes de uma cirurgia para induzir relaxamento e amnésia. As diferenças entre os BZD resultam de variações no modo como atuam nos diferentes subtipos de receptores $GABA_A$.

A procura por BZD está mais alta do que nunca. Estima-se que a ansiedade excessiva seja a sexta principal causa de incapacidade em todo o mundo.[5] A ansiedade difere do medo, pois este é uma resposta emocional a um perigo claro e real, em oposição à apreensão sobre possíveis eventos futuros ou preocupações difusas ou desfavoráveis. Existem muitas maneiras pelas quais os transtornos de ansiedade são expressos, incluindo transtorno de pânico, fobias, transtorno obsessivo-compulsivo ou TEPT (transtorno do estresse pós-traumático). Transtornos de ansiedade também estão ligados à depressão; que, às vezes, são consideradas dois lados da(s) mesma(s) questão(ões) subjacente(s). Transtornos de ansiedade tendem a começar cedo na vida e seguir um curso recorrente e intermitente, cobrando custos de satisfação com a vida, renda, educação e relacionamentos. A ansiedade também é um dos principais fatores que contribuem para o suicídio. Por outro lado, em níveis moderados, a ansiedade realmente melhora o desempenho, aumentando nosso nível de energia e nos ajudando a trabalhar ou a ficar mais concentrados e por mais tempo. E a ansiedade pode ser uma ferramenta de sobrevivência importante, uma vez que sem ela não estaríamos tão propensos a ficar em segurança. Como muitos transtornos mentais, parece refletir um excesso de alguma tendência saudável; nem muita, nem pouca ansiedade é ideal, e podemos dizer se é demais quando impede uma pessoa de viver em seu potencial máximo.

Até 1/3 da população mundial sofre de ansiedade em algum momento de suas vidas, mas as mulheres estão duas vezes mais sujeitas a ela do que os homens. Na verdade, as mulheres tendem a ser duas a três vezes mais suscetíveis a todos os transtornos relacionados ao estresse, em parte como resultado da neurobiologia, que está apenas começando a investigar a questão.[6] As drogas usadas para tratar transtornos de ansiedade são chamadas de ansiolíticos, que são especialmente úteis para a ansiedade temporária associada a grandes mudanças na vida, como a morte de um cônjuge, o divórcio ou uma cirurgia de grande porte. Infelizmente, muitas pessoas dependem dos BZD e precisam deles apenas para funcionar normalmente. Embora possam ter começado a tomar ansiolíticos para ajudá-los a lidar com um evento ou estresse específico, a adaptação a essas drogas é inevitável, garantindo um dia particularmente cheio de ansiedade se alguma dose for pulada.

Aqueles que tomam regularmente qualquer BZD para ajudar na insônia encontram-se na mesma situação. Os benefícios diminuem com o tempo, ao menos para os pacientes, mas não para as empresas farmacêuticas. Mais uma vez, é um duplo vínculo porque, como a ansiedade, a insônia é um grande problema. Cerca de um quarto dos adultos relatam sintomas de insônia, e uma falta crônica de sono contribui para aumentar o risco de doenças cardiovasculares e metabólicas (incluindo ataques cardíacos e obesidade), câncer, doenças psiquiátricas, como abuso de substâncias e prejuízo na cognição e comportamento. Nos EUA, cerca de 2 milhões de motoristas dormem ao volante toda semana, e a cada 25 segundos ocorrem batidas devido à sonolência dos motoristas. Então, obviamente, a falta de sono é problemática. Seria bom poder tomar uma pílula e experimentar um sono profundo e reparador sempre que quiséssemos. Porém, a menos que seja uma prática rara, o processo oponente torna isso impossível. Na primeira noite, a droga funciona que é uma maravilha: as pessoas se aninham rapidamente nos braços de Morfeu. No entanto, tal como todas as drogas cujos efeitos alteram a atividade cerebral, a lua de mel não dura muito.

A regulação negativa da sensibilidade do receptor $GABA_A$ é produzida diminuindo o número de receptores na superfície celular, bem como as mudanças no grupo constituinte da subunidade, e ambos contribuem para a tolerância.[7] Antes, metade de um miligrama costumava fazer o serviço, mas agora você precisa de dois. Pior do que isso é o fato de que se torna cada vez mais difícil ter uma noite de sono decente sem a droga. A tentativa de mudar as prescrições é vã. Qualquer usuário regular pode provar isso ao pular uma noite (no entanto, sem trapaça com a forma líquida, o álcool!). Deitado na cama, desesperado para descansar, é provável que o usuário crônico de benzodiazepínicos experimente o tormento do desejo tão fortemente quanto qualquer outro viciado.

Diante de tudo isso, pode ser surpreendente saber que as prescrições para os BZD crescem a cada dia. Isso se deve em parte à nossa tendência de buscar soluções farmacológicas para nossos problemas e, em parte, à volúpia corporativa de responder, até mesmo nutrir, essa tendência. Um relatório recente constatou que entre 1996 e 2013 o número de prescrições de BZD aumentou 67%, e a quantidade total dessas drogas comercializadas pelas farmácias mais do que triplicou durante o mesmo período devido ao fato de que mais pessoas estão ingerindo mais comprimidos.[8] Além do vício, os riscos associados a esse padrão incluem quedas e outros acidentes, como colisões de veículos e overdose (quando combinados com outras drogas).

Nicolas Rasmussen, historiador que tem as drogas como objeto, assinala que "a história dos tranquilizantes, para colocar de forma neutra, é um ciclo interminável de 'inovação de produto', com cada um fingindo não ter efeitos colaterais e não ser viciante. Então, quando essas propriedades são descobertas, as empresas farmacêuticas apenas [promovem] uma nova".[9] Do ponto de vista da neurociência, o *processo b*, robusto e inevitável, desencadeado universalmente por qualquer agonista do $GABA_{A,}$ torna essas drogas inadequadas para uso regular.

A ocasião pode ser propícia para perguntar, dada nossa longa e ardente relação com essa classe de drogas, e apesar de suas pesadas responsabilidades, se existe uma maneira melhor de ajudar aqueles que sofrem de insônia ou ansiedade. Ou até mesmo imaginar como essas condições são tão comuns a ponto de serem estatisticamente normais — na verdade, afligem pelo menos um em cada três adultos nos Estados Unidos — e ainda assim são consideradas comportamentos anormais. Uma possibilidade é que algumas pessoas sejam mais sensíveis ou mais expostas do que outras a fatores ambientais que contribuem para essas condições, Por exemplo, um crescente consenso científico sugere que a superexposição à luz, como a que emana da tão querida tela de nossos dispositivos, perturba os ritmos circadianos e causa uma série de consequências negativas para a saúde, incluindo para o humor e o sono.[10] Após mais de um século de abuso de drogas dessa classe de medicamentos, todas majoritariamente prescritas, talvez seja hora de procurar formas alternativas de enfrentar a questão — em especial aquelas que não agravam o problema.

# 7

+ + +

## Estimulantes

Não há um final feliz para a cocaína.
Ou você morre, ou vai preso, ou se acaba
aos poucos.

—Sam Kinison (1953–1992)

## Universal

Conhecidas com uma classe de drogas que "dá energia", os estimulantes são as drogas que alteram o estado mental mais populares em todo o mundo e, em muitos, aspectos, são as de mais fácil acesso entre aquelas que causam dependência. Usuários têm apreciado estimulantes naturais derivados de plantas produtoras de anfetaminas, como a *Catha edulis* (Khat) e a *Ephedra sinica* (Ma Huang) há vários milhares de anos. Em contraste com os hipnóticos-sedativos, um grupo de drogas que compartilham ação e efeitos, nos estimulantes, a classificação se baseia unicamente no efeito. A classe dos estimulantes é numerosa e diversificada, e poderia, com facilidade, ser assunto suficiente para um livro inteiro, mas este capítulo se concentrará na cafeína, nicotina, cocaína, anfetamina e 3,4-metilenodioximetanfetamina, ou MDMA. As três últimas — coca, anfetaminas e ecstasy — também são as mais úteis para os pesquisadores, pois todas agem com muita precisão por intermédio do mesmo mecanismo geral para alterar a atividade neural.

Os estimulantes aumentam o estado geral de excitação e alerta, o que significa que a maioria de nós tem mais facilidade em se concentrar e permanecer atento com essas drogas no corpo. Todos gostam de ser estimulados, e isso explica em parte seu amplo uso, contudo, também tem a ver o fato de que a cafeína e a nicotina são legalizadas e em grande parte não regulamentadas. Além disso, não há muitos contextos em que estar alerta e ativo é contraindicado. Drogas cujos efeitos são sono, alucinações ou dissociação, por outro lado, obviamente têm menos aceitação social.

Os estimulantes metilfenidato (Ritalina) e anfetamina (Adderall) estão em uso há quase 60 anos para tratar o transtorno do deficit de atenção com hiperatividade (TDAH). Os diagnósticos de TDAH são comuns: nos Estados Unidos, cerca de 12% das crianças com mais de 4 anos têm diagnóstico de transtorno de deficit de atenção, e a maioria delas, por volta de 4 milhões, é tratada diariamente com estimulantes.[1] A diferença entre os diagnosticados com TDAH e os que não é quantitativa: a cognição, para aqueles com o transtorno, está dentro da faixa normal. No entanto, as altas taxas de uso desses medicamentos nos pacientes, inclusive em muitos dos que estão na faixa normal, todos em busca de melhora em vez de tratamento, geram preocupações sobre possíveis efeitos a longo prazo e, em particular, ao medo de que o tratamento possa aumentar o risco de subsequente dependência. Tendo em vista o que sabemos sobre adaptação, isso parece especialmente plausível, pois essas drogas aumentam os níveis de dopamina em todo o cérebro, inclusive no núcleo accumbens. Em geral, porém, as pesquisas sugerem que, quando essas drogas são prescritas para o TDAH, a exposição crônica a elas não tem efeitos duradouros sobre o comportamento ou a cognição.[2]

A maioria das drogas cujo uso foi abusivo interage em várias vias neurais e, para muitas dessas substâncias, as pessoas não acham que o custo-benefício em termos de efeito é positivo. Álcool, THC e até opiáceos notoriamente produzem efeitos variáveis; alguns de nós gostam de todos, mas muitas pessoas têm forte preferência por um ou outro. Não é o caso, em geral, dos estimulantes clássicos: cocaína e anfetaminas. Vários estudos mostram que quando essas substâncias são administradas em um ambiente controlado de laboratório, praticamente todos apreciam seus efeitos. (A principal diferença entre os dois é que o "barato" da anfetamina dura muito mais tempo.)

Mas isso não sobrevive ao uso repetido. Cocaína e anfetamina caracterizam-se particularmente por seus padrões únicos de adaptação ao uso a longo prazo. Como é de praxe com as drogas que causam dependência, a tolerância estraga a diversão: neste caso, a quantidade de dopamina diminui, ficando abaixo dos níveis normais, e em geral cai a zero após o uso compulsivo. No entanto, outros efeitos das drogas, incluindo aqueles associados a movimento e cognição, tendem mais a se exacerbar do que diminuir com exposições repetidas, um fenômeno chamado de sensibilização. Acredita-se que a sensibilização entre os usuários de estimulantes seja responsável por mudanças comportamentais e cognitivas bizarras que frequentemente se desenvolvem com o tempo, como a estereotipia, que fica evidente quando se observa, em indivíduos que se submetem a altas doses ou que já estejam sensibilizados, movimentos repetitivos e sem propósito. Pode haver outras causas de comportamento estereotipado além das drogas, mas é bastante comum entre os usuários de "speed" [nome popular para anfetamina] ter sua própria gíria: os usuários geralmente servem de referência para estereótipos como "punding" ou "tweaking" para descrever o fascínio compulsivo por classificar, limpar ou desmontar objetos, por exemplo. Outros efeitos a longo prazo são ainda mais alarmantes. Drogas classificadas como estimulantes são simpaticomiméticos; isto é, estimulam o ramo simpático do sistema nervoso autônomo, que pode interferir no sono e sobrecarregar o sistema cardiovascular. Em alguns casos, condições psiquiátricas surgem em usuários crônicos, como a psicose estimulante, que pode resultar da sensibilização da excitação cognitiva a tal ponto que o indivíduo pode se tornar paranoico e ser vítima de alucinações. Em geral isso se resolve com a abstinência, mas nem sempre.

Outra peculiaridade do uso de estimulantes é que, em exposições recorrentes, é frequente haver uma crescente aversão à droga, e o que a princípio se apresenta como puro prazer se torna uma mistura ambivalente de querer e não querer, que em laboratório é mensurado em termos de comportamento ora de aproximação ora de afastamento. Quanto maior a exposição ao medicamento, maior é o conflito. Esse padrão "procurar-evitar" tende a não ser visto com outras drogas, como álcool ou opiáceos, e tem um modelo animal fascinante.[3] Ratos logo aprendem a se enfiar em um beco estreito atrás de uma infusão de cocaína. Em um estudo, eles têm essa oportunidade uma vez por dia durante 14 dias consecutivos, porém, em vez de ir mais rápido a cada dia, como fariam com outras drogas como a heroína, saem em disparada e depois, logo antes de chegar à fonte de infusão, dão meia volta e correm para o lado oposto. E costumam ficar nesse ir e vir várias vezes — "Sim! Eu quero"/"Não! Não quero" —, sugerindo aos pesquisadores o que todo viciado já reconhece: que o vício em cocaína é uma mistura de estados motivacionais positivos e negativos e que as consequências negativas são sensíveis. Alguns têm formulado a hipótese de que essa adaptação peculiar e infeliz possa explicar a associação entre uso de cocaína e transtornos de ansiedade, algo que decorre do uso frequente e piora à medida que o vício se consolida. Para afirmar que o "sim" quase sempre vence, dar às pessoas acesso ilimitado à cocaína geralmente resulta em compulsão descontrolada e, por fim, em morte. Não é o caso de opiáceos ou álcool. Embora possam ocorrer overdoses dessas drogas, não acontecem por uma recusa a parar, talvez em parte porque viciados em narcóticos e alcoólatras pelo menos caem no sono.

## Cafeína

A cafeína é a droga psicoativa mais popular do mundo, ainda que haja alguma discordância quanto a ser ou não viciante. Ainda que o uso regular possa resultar em um mínimo de tolerância e provavelmente cause dependência (isto é, abstinência após interrupção do consumo) e compulsão, a droga não é considerada prejudicial, fator que se constitui em um dos principais critérios para conceituar o vício. Na verdade, existem vários benefícios documentados para o uso regular de cafeína, incluindo melhorias no humor, memória, estado de alerta e desempenho físico e cognitivo. Parece também haver uma redução do risco de desenvolver doença de Parkinson e diabetes tipo 2. Boas notícias, especialmente porque, ao contrário de muitas outras substâncias psicoativas, o uso da cafeína é legal e não regulamentada em quase todos os lugares.

Os efeitos farmacológicos da cafeína são similares àqueles dos outros membros de sua subclasse, as metilxantinas, que também são encontradas em vários chás e chocolates. Metilxantinas são produzidas por certas plantas nativas da América do Sul e do leste da Ásia. Os efeitos da cafeína e outras metilxantinas incluem a estimulação moderada do sistema nervoso central e vigília, aumento da capacidade de manter a concentração e tempos de reação mais rápidos. A fonte mais conhecida de cafeína é a *Coffea*, e na verdade são as sementes, não os grãos, que são torrados e moídos para satisfazer a grande e crescente demanda. A droga é muito segura — seria preciso consumir rapidamente cerca de cem xícaras para atingir uma dose letal — e os efeitos desejados começam alguns minutos depois de consumir a bebida e atingem o pico cerca de uma hora depois. A meia-vida é razoavelmente longa, entre 4 e 9 horas, atribuída principalmente às diferenças genéticas no metabolismo do fluxo. Repetindo, a meia-vida se refere à quantidade de tempo necessária para se livrar de 50% da droga (em geral metabolizando-a), por isso vale a pena lembrar-se disso se você tiver problemas para dormir mas gosta de passar algum tempo na cafeteria.

Por outro lado, a droga é amplamente apreciada por sua capacidade de retardar ou impedir o sono e melhorar o desempenho de tarefas simples durante períodos significativos de privação de sono. Portanto, os trabalhadores que ingerem cafeína cometem menos erros do que aqueles que não usam. Ela melhora o desempenho atlético e a resistência, beneficiando não só os atletas, mas as pessoas que estão apenas tentando fazer uso da academia. Em doses moderadas, a cafeína pode melhorar o humor e reduzir os sintomas da depressão.

Embora não apresente muitas contraindicações, aumenta o risco de aborto e pode causar aumento da pressão arterial. Além disso, mesmo quando ingerida em doses comedidas, algumas pessoas apresentam sintomas desagradáveis de média intensidade, como nervosismo, ansiedade, insônia e demora para adormecer. Em doses muito altas (como cinco comprimidos de NoDoz, ou umas 15 xícaras de café), as pessoas são acometidas por inquietação, irritabilidade com possível progressão para delírio, vômitos, respiração acelerada e, talvez, convulsões. Além de atuar no cérebro, a cafeína afeta o funcionamento dos sistemas cardiovascular, respiratório e renal. A dependência de cafeína pode envolver sintomas de abstinência, como fadiga, dor de cabeça, irritabilidade, humor deprimido, incapacidade de concentração e letargia. Cerca de metade das pessoas que a ingerem regularmente sentirão dores de cabeça se de repente deixarem de fazê-lo.

Os efeitos causados pela cafeína decorrem da ação de um mecanismo não compreendido por completo. Entretanto, sabemos que a droga não age como cocaína, anfetamina ou MDMA para melhorar diretamente a transmissão de dopamina, norepinefrina e/ou serotonina. Em vez disso, a cafeína é um antagonista dos receptores de adenosina (assim como o Narcan é um antagonista dos receptores opiáceos). A adenosina pode ser familiar em seu papel no trifosfato de adenosina, ou ATP, uma fonte primária de energia. Mas a adenosina também serve como neurotransmissor; acredita-se que vai sendo produzida ao longo do dia, acumulando-se nas sinapses, onde se liga a seus receptores e faz sobrevir um estado sonolento. Quando a cafeína está no corpo, a sinalização da adenosina é bloqueada e, como resultado, temporariamente previne ou alivia a sonolência e mantém ou restaura o estado de alerta.

Sem contar o chocolate ou o molho picante, a cafeína é a única substância que me restou para manipular meus estados psicológicos. Gostaria de poder dizer que consigo abandoná-la, mas seria tudo menos a verdade. Em minha casa há uma parafernália de utensílios voltados para o café, incluindo um moedor que às vezes levo na mala, um filtro especial, uma máquina de fazer café e até mesmo xícaras especiais. Meu "fundo do poço" aconteceu em um acampamento no deserto. Embora água não me faltasse, meu fogão resolveu quebrar. Estava comendo feijão frio e aveia, mas o que faria sem café? Então apelei: na segunda manhã depois de comer peru frio, decidi simplesmente comer os grãos de café moídos e engoli uma bela colherada. Eles não eram deliciosos, o que ficava evidente por minhas caretas, mas comecei a me sentir melhor em 15 minutos. Mais tarde, isso começou a me incomodar: por que ficar limpa e livre de outras drogas, mas manter esse hábito? Então me obriguei a desistir, o que durou um certo tempo, até viajar para a Guatemala, onde cultivam e servem um dos mais deliciosos café com leite. Disse a mim mesma estar fazendo apenas "o que os locais fazem" e então decidi comprar um quilo e pouco para levar para casa, prometendo-me fazer o pacote durar alguns meses. Em vez disso, fui com tudo de volta ao mau caminho e encontrei um novo fornecedor porque, afinal, meus gostos haviam se sofisticado.

## Nicotina

Segundo a Organização Mundial de Saúde, mais de 1,1 *bilhão* de pessoas fumam tabaco, e mais de 7 milhões morrem a cada ano em razão de seu vício. Como todo viciado que morre aos poucos, isso não acontece porque gostaram muito de algo bom. Em vez disso, a miséria imposta por um cérebro adaptado faz com que desistir pareça pior do que morrer. Embora eu também seja uma ex-fumante e possa, portanto, parecer hipócrita, não acho que vale a pena morrer pela nicotina.

Os usuários de tabaco perdem, em média, 15 anos de vida. Hoje, do total de gastos em saúde, 5,7% destinam-se ao tratamento de doenças relacionadas ao fumo, e 12% de todas as mortes de adultos no mundo resultam desse hábito. Na verdade, o custo anual total de fumar é de quase 2% do PIB [Produto Interno Bruto] global, o que corresponde a cerca de 40% do que todos os governos do mundo gastam em educação.[4] No total, o vício da nicotina sobrecarrega a economia global com mais de US$1,4 trilhão em assistência médica e perda de produtividade todos os anos.

A boa notícia é que, com poucas exceções (por exemplo, o Mediterrâneo Oriental e os países africanos), o percentual de fumantes em relação à população vem diminuindo. Esse declínio é mais rápido em países nos quais as pessoas experimentam alta autoeficácia [convicção pessoal de ser capaz de realizar determinada tarefa], mas é estável ou até mesmo vem aumentando nos lugares em que é improvável que os esforços de um indivíduo melhorem sua situação. (A autoeficácia é maior em lugares onde é possível ganhar a vida, ser um membro útil de uma família ou comunidade e sentir-se confiante quanto a um futuro próspero.) Nos Estados Unidos, o número de pessoas que fumam é decrescente, embora esse hábito ainda seja a principal causa evitável de doença e mortalidade no país. Em 2013, cerca de 21% dos norte-americanos com mais de 11 anos fumavam cigarros, taxa que caiu em 2016 para pouco menos de 20%. A tendência positiva pode refletir a mudança para cigarros eletrônicos [também chamados de "vaporizadores"] ou para a maconha. É provável que qualquer um destes seja menos prejudicial à saúde física, principalmente porque o veículo para a nicotina — bem como a origem de grande parte das qualidades de sabor e cheiro no tabaco — é o alcatrão, reconhecidamente carcinogênico. Quanto aos cigarros eletrônicos, não sabemos de fato sobre seus efeitos a longo prazo, e os inconvenientes do uso habitual de maconha provavelmente são mais emocionais e cognitivos do que físicos, pelo menos em comparação aos cigarros. Nos Estados Unidos, não obstante o tabagismo entre adolescentes esteja diminuindo mais rapidamente, com queda acima de 7% entre 2002 e 2013, durante esse período dobrou o número de alunos do último ano do ensino médio que tinham fumado tanto maconha como tabaco no mês anterior (22,5% contra 10,5%), talvez refletindo mais uma mudança de substância do que de hábito. No entanto, cerca de metade das crianças do mundo são fumantes passivas, algo sem dúvida relacionado a uma série de riscos à saúde. E falando em crianças, cerca de 1,3 milhão delas são exploradas trabalhando no cultivo de tabaco, expondo-as ainda mais a pesticidas, largamente utilizados nas plantações. A droga é uma besta-fera.

Planta nativa do continente americano, o tabaco foi primeiramente cultivado há mais de 5 mil anos na América do Sul. O tabagismo se expandiu na Europa em meados do século XIX, em especial após a invenção dos cigarros em seu formato cilíndrico com produção automatizada: um operário qualificado podia fazer até três mil unidades por dia, mas uma máquina podia fabricar pelo menos o dobro disso por *minuto*. A nicotina é vaporizada pela alta temperatura da ponta ardente de um cigarro e entra nos pulmões em minúsculas partículas de alcatrão — ou de forma análoga pelos cigarros eletrônicos. Uma vez nos pulmões, é prontamente absorvida pela corrente sanguínea e chega ao cérebro em cerca de sete segundos. (Quem fuma um maço por dia inala uma enorme quantidade de nicotina.) Acredita-se que a nicotina é altamente viciante devido, em parte, à sua ação rápida. Um cigarro contém entre 6 e 11 miligramas de nicotina, embora muito menos do que isso chegue à corrente sanguínea de um fumante porque a maior parte da droga é metabolizada em cotinina no fígado por uma enzima específica chamada citocromo P450 2A6 (CYP2A6) e excretada na urina. Algumas pessoas têm uma mutação no gene que produz CYP2A6 que retarda o metabolismo da nicotina. Como a droga permanece por mais tempo, é menos provável que essas pessoas se tornem fumantes, mas, se o fazem, consomem menos cigarros do que pessoas que têm níveis normais dessa enzima.

Isso parece ser contraintuitivo — mais nicotina no sistema não deveria promover o vício em vez de retardá-lo? Tal como acontece com todas as toxicodependências, a concentração alvo é uma janela ideal entre abstinência e toxicidade. A nicotina é metabolizada rapidamente, e um fumante deve fazer a dosagem com regularidade para evitar a abstinência, mas existe nicotina em excesso. Quando eu fumava, o dia era dividido entre intervalos de cigarros, em vez de minutos ou horas (embora, é claro, houvesse uma alta correlação entre essas coisas). No entanto, suspeito que tenho a mutação no CYP2A6, pois se eu fumasse demais, me sentia um pouco nauseada e com a pele viscosa. Lembro-me (após deixar o vício) de fazer uma viagem com uma amiga que com certeza tinha a variante eficiente, além de uma dependência mediana. Estávamos dirigindo pelo lindo desfiladeiro do sudoeste, mas depois de algum tempo tudo em que conseguia me concentrar era na contagem regressiva para a próxima vez em que ela pegaria o maço de cigarros. Ela era mais confiável do que o Big Ben.

A maioria dos fumantes consome de dois a três cigarros por hora; eu estive mais perto de dois, enquanto minha amiga acendia um a cada 14 minutos (alguns segundos para mais ou para menos). Embora qualquer um dos padrões conduza a níveis crescentes de nicotina ao longo do dia (porque cada cigarro leva cerca de duas horas para se metabolizado), a droga não causa efeitos cada vez maiores devido ao rápido desenvolvimento da tolerância. Apesar de alguns fumantes inveterados acordarem com um sobressalto no meio da noite para se manter longe dos sintomas de abstinência, a maioria espera para acender um depois de se levantar e ser recompensado pela paciência. As adaptações dinâmicas que levam à tolerância em tão pouco tempo refletem na outra extremidade, na medida em que a tolerância diminui parcialmente mesmo durante algumas horas de abstinência, de modo que as primeiras tragadas são as melhores do dia. A maior lição aqui é a simetria temporal: a tolerância que se desenvolve com rapidez tende a se reverter também rapidamente, ao passo que as mudanças que demoram mais para ocorrer tendem a ser persistentes.

A nicotina é classificada como um estimulante, muito embora todos os fumantes regulares saibam que ela os ajuda a relaxar e a lidar com o estresse. Isso está relacionado à tolerância rápida. No organismo, a nicotina primeiro estimula os receptores de acetilcolina, os quais logo respondem perdendo a sensibilidade, o que leva aos efeitos bidirecionais da droga. Existem dois tipos principais de receptores de acetilcolina, e a nicotina interage apenas com um, apropriadamente chamado de receptor de acetilcolina nicotínico, ou nAChR. Uma espécie de primo do receptor $GABA_A$, os nAChRs também são constituídos por cinco subunidades que circundam um poro central. Este receptor permite o fluxo de sódio, em vez de cloreto, e como os íons de sódio carregam uma carga positiva, os nAChRs são excitáveis. A nicotina ativa esses receptores substituindo a acetilcolina e aumentando a atividade neural. Também reminiscente do receptor $GABA_A$, grande parte da diversidade estrutural e funcional dos nAChRs surge das muitas combinações de subunidades possíveis; neste caso, existem 16 subunidades distintas. Estes se combinam para formar diferentes subtipos nAChR, que têm variados padrões de expressão em todo o cérebro, bem como diversas propriedades funcionais e características farmacológicas exclusivas. Como a sinalização da acetilcolina também é difusa e a expressão do nAChR é extremamente ampla, quase todas as áreas do cérebro são afetadas pela nicotina. No entanto, ao contrário do receptor $GABA_A$, que pode ser fechado ou aberto, o nAChR possui três estados: fechado, aberto e dessensibilizado. O estado aberto é responsável pelas propriedades estimulantes do fármaco, enquanto o estado dessensibilizado produz os efeitos calmantes do cigarro. A taxa na qual o receptor se move através desses estados e sua capacidade de conduzir uma corrente positiva depende da composição da subunidade. E ao menos uma variante funcional altera o risco de se tornar um fumante crônico. Ainda que muito disto ainda esteja em fase de elaboração, parece evidente que a variação genética na estrutura da(s) subunidade(s) do nAChR representa uma quantidade substancial do risco de dependência da nicotina.[5] No núcleo accumbens, os receptores com a subunidade a6 parecem estar especialmente envolvidos na manutenção da ativação prolongada dos neurônios dopaminérgicos e assim encorajam o vício.

Como outras substâncias que causam dependência, a nicotina dá início ao vício estimulando as vias da dopamina mesolímbica, mas o cigarro, ao ser fumado, afeta múltiplos processos, incluindo pensamento e atenção, aprendizado e memória, emoção, excitação e motivação devido à distribuição de nAChRs em circuitos que contribuem com todos esses comportamentos. Alguns desses efeitos levaram a pensar que um adesivo de nicotina poderia ser usado para tratar o declínio cognitivo em idosos — a droga pode melhorar alguns aspectos da atenção e da memória —, porém, por ser improvável que em longo prazo não se possa incorrer em adaptações compensatórias ou em efeitos colaterais significativos, até agora a ideia se manteve fora da atuação clínica.

Como se sabe, é muito difícil abandonar o cigarro, uma combinação entre hábitos difíceis de mudar e a forma peculiar assumida pela abstinência da nicotina. Após a exposição crônica, a abstinência produz uma síndrome profunda de compulsão caracterizada por irritabilidade, ansiedade, deficit de atenção, dificuldade para dormir e aumento do apetite. A razão para isso, é claro, é o *processo b*, que em fumantes é amplamente explicado por uma regulação positiva de nAChRs. Em geral pensamos que uma droga que atua como um agonista estimulando receptores como a nicotina produziria uma regulação negativa. Por que ativar um receptor faz com que ele se torne mais sensível e mais numeroso? Embora à primeira vista pareça ser o contrário, lembre-se de que a presença prolongada da nicotina resulta principalmente da dessensibilização do nAChR, e a resposta homeostática a receptores dessensibilizados é a regulação positiva. Então, qual é o efeito de todos aqueles receptores nicotínicos extrassensíveis? Como os nAChRs afetam a liberação de praticamente todos os principais transmissores, as neuroadaptações da exposição crônica levam a alterações amplas e generalizadas na neurotransmissão em todo o cérebro.[6] Muitos neurotransmissores que são regulados pela transmissão de acetilcolina, como glutamato, GABA, dopamina e opioides, têm sua atividade alterada pelas mudanças na sinalização da acetilcolina, e todo esse ajuste se combina para produzir a sensação de dependência. Quando a droga é retirada, essas mudanças adaptativas não são mais necessárias e levam a sintomas físicos e emocionais de abstinência em poucas horas.

Um comentário final sobre essa droga popular diz respeito ao seu frequente parceiro de dança: o álcool. Muitas pessoas notam que beber faz querer fumar, ou vice-versa, e se perguntam por que isso acontece. Existem várias hipóteses, e cada uma delas pode explicar parte de tal relação. Por um lado, qualquer droga que estimula a dopamina abre as portas para outra. Como ambos são viciantes, podem também servir de lembretes do vício, e particularmente quando não havia a proibição de fumar nos bares, os sinais contextuais em grande parte eram sobrepostos. Além disso, os efeitos estimulantes da nicotina podem neutralizar os efeitos sedativos do álcool, refletindo o padrão familiar de usuários que contrabalançam estimulantes e depressivos. Outra hipótese sugere que os fumantes podem beber mais, talvez porque a nicotina estimula a digestão e isso pode diminuir a absorção do álcool pelo intestino. Então, até que haja um estudo mais aprofundado, não temos certeza se, no geral, as duas drogas aumentam ou neutralizam os efeitos uma da outra.

## Cocaína

Deixar as drogas foi muito difícil. Quando parei de fumar, especialmente nos primeiros dias, me sentia muito infeliz e ansiava por um cigarro toda vez que ficava estressada; décadas depois, ocasionalmente ainda desejo o prazer e o relaxamento que vêm com a fumaça. Senti falta da bebida todos os dias durante 14 meses, aguilhoada por uma vontade constante da qual procurava me defender consumindo grandes quantidades de sorvete. Com a maconha foi ainda pior, como já devo ter mencionado. Minha relação com a cocaína era mais como deixar um amante mesquinho e infiel. O tormento do arrependimento desesperado se misturava com uma crescente sensação de alívio. Assim como para maioria dos usuários de cocaína e metanfetamina, minha compulsão era repulsiva até para mim, mas eu teria continuado, com meu bruxismo a mil, se não fosse pela breve epifania de Steve que provavelmente salvou minha vida. Foi ele que notou, com uma aguda e inesperada percepção, que não havia cocaína suficiente no mundo para satisfazer nosso desejo, e de alguma forma — e não tenho ideia como — isso afastou nós dois de injetar a droga nos meses que se seguiram até eu começar a me tratar.

Minha relação de amor e ódio é típica e acredita-se que reflita o processo oponente.[7] A princípio a droga produz uma onda de euforia emocionante, mas que rapidamente é seguida de ansiedade, depressão e desejo por mais drogas. A cocaína é como a única loja de pornografia em uma cidade decadente. Você se odeia por ir lá, mas acaba voltando de novo e de novo. Enquanto usava, especialmente em ocasiões de grande consumo em pouco tempo, me sentia como se estivesse pisando no acelerador em direção a uma parede de granito, incapaz ou não querendo parar, sem nem mesmo me importar com aquilo. Era um caminho curto para desprezar e odiar a mim mesma, e cada papelote que consumia ampliava o vazio na minha alma. Cocaína é a droga que menos sinto falta.

O mecanismo de ação da cocaína é tão direto em comparação com a maioria das outras drogas que parece incrivelmente simples. Por outro lado, a especificidade de sua ação no sistema nervoso é o que torna seus efeitos tão eficazes. De todas as drogas discutidas até agora, é a que tem menos "efeitos colaterais", e muitas vezes me pergunto se a eficiência da droga pode ser levada em conta com relação a eu ter atingido tão cedo o fundo do poço. O que sobe tem que descer, como vimos, e com cocaína a inclinação é igualmente íngreme em ambas as direções. Tenho a sensação de que teria ficado por mais tempo lá embaixo se meu relacionamento principal tivesse sido com álcool, ou até com opiáceos. Apesar de sua ação ser específica e bem conhecida, não há farmacoterapias aprovadas pela FDA para a dependência de cocaína.

A cocaína, as anfetaminas (incluindo a metanfetamina) e o ecstasy têm um mecanismo de ação muito semelhante. Diferentemente de muitas das drogas que discutimos, incluindo cafeína e nicotina, mas também THC, opiáceos e hipnóticos-sedativos, sua ação primária — ou seja, a responsável pelos efeitos desejados — não envolve a interação com um receptor. Em vez disso, a interferência se dá no mecanismo de reciclagem de neurotransmissores de monoamina. Embora o nome monoamina possa ser novo, a maioria das pessoas conhece os membros desse grupo de neurotransmissores: dopamina, noradrenalina, epinefrina (ou adrenalina), serotonina e melatonina, substâncias químicas que desempenham papéis importantes no humor e no sono.

## Monoaminas e transportadores de substratos

Cocaína, metanfetamina e ecstasy agem bloqueando transportadores. Estes, como os receptores, são proteínas incorporadas na membrana celular neural, porém, ao contrário dos receptores, a função dos transportadores é conduzir (ou reciclar) o neurotransmissor de volta ao neurônio pré-sináptico, onde ele pode ser reempacotado e reutilizado. Transportadores são uma das duas principais formas pelas quais a transmissão sináptica é descontinuada; a outra é por meio da degradação enzimática.

A transmissão sináptica, sem transportadores ou enzimas para separar os neurotransmissores, persistiria por muito mais tempo, de modo que o sinal seria bem diferente. Quando uma dessas drogas ocupa um espaço em um transportador, impede que as monoaminas utilizem seu mecanismo de recaptura e acaba por prolongar seus efeitos. No caso da dopamina, por exemplo, a indicação de algo capaz de despertar interesse seria mais parecida com um alarme tocando em casa do que com um pop-up na tela do PC.

**A sinapse da monoamina**

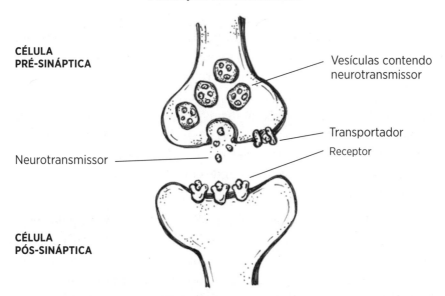

Os transmissores de monoamina, dopamina, norepinefrina e serotonina são liberados das vesículas para a fenda sináptica e interagem com os receptores produzindo seus efeitos. Podem ser degradados por enzimas ou transportados de volta para a célula pré-sináptica para reutilização. Cocaína, anfetaminas e MDMA (ecstasy) bloqueiam os transportadores, prolongando os efeitos do transmissor. Anfetaminas e MDMA também podem ser transportados para as células pelo mecanismo de reciclagem, talvez em razão de sua potente neurotoxicidade.

Então, é isso. Milhares de pessoas perderam suas famílias, empregos, casas e vidas porque a capacidade da cocaína de estender a presença da dopamina na sinapse as fez considerar relativamente insignificantes estímulos como relacionamentos, meios de subsistência e dentes saudáveis. A meia-vida é muito curta (em geral, menos de uma hora), e embora os farmacologistas digam que os efeitos subjetivos duram cerca de trinta minutos, na minha experiência estavam mais para três, tempo que mal dava para preparar a próxima carreira.

E mais: o abuso de cocaína, que pode ser inalada, ingerida, fumada ou injetada, aumentará, dependendo da maneira como entra no corpo, o risco de doença cardiorrespiratória, convulsões, acidente vascular cerebral e infecção; também pode danificar a cartilagem nasal e aumentar o risco de distúrbios autoimunes. Aspirá-la tem uma resposta relativamente lenta (embora eficaz, tal como o consumo oral), mas seja por inalação ou injeção, o fármaco bloqueia a recaptação de monoaminas em segundos. O uso intravenoso também está associado à transmissão de outras doenças, como hepatite C e HIV/AIDS. O abuso da metanfetamina produz efeitos semelhantes, assim como degeneração acentuada dos neurônios dopaminérgicos, resultando em maior risco para a doença de Parkinson.

Todas as drogas usadas de forma abusiva são envolventes, pelo menos para algumas pessoas em certas circunstâncias, mas é muito provável que a cocaína seja a substância mais universalmente prazerosa já descoberta. No auge do uso de cocaína, eu morava em Parkland, na Flórida, dividindo uma casa com várias outras pessoas como eu por quase um ano. Na verdade, acho que eu tinha apenas outros dois companheiros de quarto oficiais, embora seja difícil dizer: Laurie, cujo nome estava no contrato de aluguel e que não gostava de comprar, mas que não ficava sem a droga ao alugar quartos para pessoas como eu; e Tommy, segundo Laurie, um colega de quarto melhor do que eu. Tommy era de uma longa linhagem de traficantes. Pelo que me lembro, a avó dele estava passando um tempo na prisão e ao menos um dos pais dele estava morto — ele não estava certo sobre o(a) outro(a). Tenho certeza de que a área está completamente civilizada agora, mas em meados da década de 1980, exceto pela topografia, parecia um posto avançado nos Andes. Certo dia, andando de bicicleta, fui parada por um sujeito em trajes militares segurando uma metralhadora que me avisou que a estrada estava fechada. Acho que, por breves instantes, me opus porque era uma via pública, mas ao menos uma vez até eu pude notar que seria estúpido argumentar. O lugar todo era totalmente imprevisível, e às vezes eu via bastante tráfego de helicóptero, o que dava ideia de que ali funcionava um hospital regional. Fui parar em Parkland porque, uma noite após meu turno de garçonete no restaurante em que trabalhava, cheguei em casa em Delray, minha moradia anterior, e encontrei minhas coisas empacotadas e empilhadas na entrada da garagem. Não sabia, ou não conseguia me lembrar, o que tinha feito para justificar tal tratamento, mas meus companheiros de quarto — um tanto pudicos e aborrecidos, pensei — postavam-se diante de mim de braços cruzados e rostos impassíveis, unidos em sua determinação. O fato de eu encontrar facilmente um quarto para ficar em Parkland fala da empatia implícita entre os usuários; para quanto mais longe das normas sociais eu viajava, mais fácil era me conectar com a minha espécie, assim como a água flui para o ponto mais baixo.

Certa noite, chegando em casa, encontrei Tommy meio que escondido atrás de uma palmeira (éramos todos muito magros) com uma AK-47. Seus olhos pareciam CDs — enormes, lisos e totalmente loucos. Dava para ver que estava "doidão", não só pelo seu jeito, mas porque estava imerso em uma ilusão paranoica sobre pessoas tentando roubar seus cachorros. Ele tinha dois lindos Rottweilers, Roxy e Bear, que ele certamente não merecia. Tommy tinha certeza de que havia pessoas espreitando ao redor da propriedade e sua arma estava armada e carregada, mas meu cérebro se voltou para o problema de quanto de droga restava e como eu poria as mãos nela. Felizmente, ele não havia usado tudo. E, infelizmente, alguém — provavelmente irritado com algum desacordo sobre drogas — atirou nos cachorros cerca de uma semana depois.

## Metanfetamina

O abuso de metanfetamina é um problema dos mais relevantes mundo afora. Embora as taxas nos Estados Unidos estejam estáveis, com cerca de um milhão de usuários crônicos, o mercado está crescendo rapidamente no leste e sudeste da Ásia.[8] A metanfetamina é uma droga da Tabela II e pode ser prescrita para TDAH, obesidade extrema e narcolepsia, mas os médicos optam com mais frequência pela anfetamina, por ser menos reforçadora do que a metanfetamina (a adição de um grupo metil aumenta a absorção e a distribuição). Qualquer um desses medicamentos pode ser neurotóxico quando tomado em altas doses, e não há tratamento para esse dano cerebral. O Adderall, escolha popular para o TDAH, é uma forma de anfetamina, em geral administrada em formulações de liberação lenta.

O Escritório das Nações Unidas sobre Drogas e Crime indica que a metanfetamina é uma das drogas sintéticas mais populares em todo o mundo, com pelo menos 37 milhões de usuários — cerca do dobro de cocaína ou heroína (com cerca de 17 milhões de usuários cada). De início, usava-se amplamente a metanfetamina como descongestionante e broncodilatador, mas logo alguns usuários descobriram como remover o bloqueio do algodão encharcado da droga na parte inferior do inalador para administrar rapidamente altas doses. A grande onda seguinte de uso, também antes de o potencial de abuso ter sido largamente reconhecido, ocorreu durante a Segunda Guerra Mundial, quando as três superpotências (Japão, Alemanha e Estados Unidos) podem ter sido as responsáveis ao abastecer suas tropas com "estimulantes". Terminada a guerra, veteranos desses países continuaram usando a droga, que não foi objeto de muita regulamentação nas duas décadas seguintes. A síntese e a distribuição legítimas desaceleraram na década de 1960, e a brecha aberta possibilitou que tais tarefas fossem assumidas por laboratórios clandestinos. Em 1990, a metanfetamina era mais popular que a cocaína e foi para o topo da lista de combate às drogas da DEA. Como a maioria das pessoas sabe, regulamentação, legislação e repressão não causam grandes danos à indústria das drogas, e os laboratórios de metanfetamina de fundo de quintal são mais ou menos capazes de suprir a demanda.

Meu amigo Steve tinha mais de dez vezes a dose letal de metanfetamina no sangue quando morreu.

Enquanto a meia-vida da metanfetamina é de aproximadamente dez horas (dez vezes a da cocaína), a da anfetamina varia muito — de sete a trinta horas, dependendo do pH da urina do usuário. Os efeitos comportamentais em geral não duram tanto tempo, pois toda essa superestimulação leva à tolerância aguda conforme as sinapses perdem monoaminas. Os efeitos de doses baixas a moderadas incluem euforia, "pressa", vigília, antifadiga, aumento de confiança, hiperatividade e perda de apetite. Doses mais altas também causam discursividade, agressividade, inquietação e estereotipia. Doses muito altas (como aquelas experimentadas durante uma compulsão no uso) podem causar agitação, confusão, ansiedade, irritabilidade, disforia, comportamento violento, prejuízo nas habilidades psicomotoras e cognitivas, alucinações, estereotipia, paranoia e formigamento da pele. Quando o período de compulsão no uso chega ao fim, os usuários experimentam extrema disforia e ansiedade, bem como uma sensação de vazio. A fase aguda de abstinência tende a melhorar nos dias subsequentes — em especial com relação ao sono e alimentação — e as coisas muitas vezes retornam ao status quo. Em contraste com a maioria das outras drogas, nas quais há mais ou menos uma relação linear entre o tempo da última utilização e o retorno do desejo, com a cocaína e a metanfetamina o desejo parece aumentar com o tempo e a maioria dos usuários recai no vício em algumas semanas.

Vários anos após ficar limpa, tive uma amiga que também lutava com o vício em estimulantes. Era uma mulher linda e talentosa, cuja maior alegria era estar com sua filha. Normalmente, conversávamos pelo celular logo depois de um período de uso compulsivo, e sua desolação era tão profunda que parecia impregnada nas ondas sonoras. Ela renunciava à droga, lamentando ter gastado com ela o dinheiro que precisava para comprar um presente de aniversário para a filha, ter comprometido ainda mais sua saúde ou colocado seu trabalho em risco. Chegava a bloquear o número do traficante. Dias se passavam enquanto começava a reequilibrar sua vida; inteligente e sagaz, era incrivelmente capaz de aprumar-se durante essas muitas ocasiões. Mas sempre — na maioria das vezes, no espaço de duas semanas e coincidindo, mas nem sempre, com algum dinheiro que entrava — ela sucumbia ao vício. Observando de fora, essa luta se parecia com alguém nadando contra a correnteza enquanto as corredeiras a levavam rumo a uma cachoeira. Ela descrevia a queda iminente, cheia de tristeza e ansiedade, como se assistisse a alguém que amava perdendo a batalha contra uma infecção bacteriana. Havia ocasiões em que, pouco antes de ficar offline, ela deixava escapar, enquanto se despedia: "Vou ter uma recaída, então deixa eu acabar logo com isso", deixando-se levar para uma viagem de vários dias, desbloqueando o traficante, que parecia sempre preparado para aproveitar ao máximo aquela triste rotina. Sua vida era uma gangorra de remorso e compulsão, subindo e descendo movida pelo desespero.

Isso se parece muito com o padrão "procurar-evitar" visto em estudos com cobaias discutido no início do capítulo. O vício de minha maravilhosa amiga logo se transformou em tolerância aos efeitos eufóricos da metanfetamina, enquanto a sensibilização dos sistemas de estresse cognitivo fazia com que ela usar se parecesse com uma tortura, do mesmo modo que um rato de laboratório faminto tem que suportar levar um choque para obter comida.

## Ecstasy

Ora classificado como estimulante, ora como alucinógeno, o MDMA é na verdade um pouco dos dois. Nunca experimentei essa droga, então não pretendo ser especialista em seus efeitos subjetivos, mas em termos de estrutura química e mecanismo de ação ela se ajusta mais diretamente aos estimulantes. Anfetamina, metanfetamina e MDMA interagem de forma aguda com os transportadores de monoamina para bloquear a recaptação e causar liberação de dopamina, norepinefrina e serotonina dos terminais nervosos, embora o MDMA tenha um efeito relativamente maior sobre o sistema da serotonina. O MDMA puro compartilha algumas propriedades farmacológicas com a mescalina, uma das drogas psicodélicas clássicas que será discutida no próximo capítulo. Essa similaridade, estrutural e funcional, é esperada por alguns para indicar potenciais benefícios terapêuticos da droga, que foi recentemente aprovada para seu primeiro ensaio clínico nos Estados Unidos. O ecstasy não é de todo semelhante ao LSD ou à psilocibina, e tal como outros estimulantes, sua capacidade de bloquear a recaptação de monoaminas é o que leva ao aumento de energia, resistência, sociabilidade e excitação sexual, justificando sua reputação de perfeição como "party drug" [drogas consumidas em eventos sociais festivos].

A principal distinção entre anfetaminas e metanfetaminas é o grupo metilenodioxi (-O-CH$_2$-O-), que o faz se assemelhar à mescalina. Como a anfetamina, no entanto, o MDA e o MDMA são sintéticos; a anfetamina foi desenvolvida em 1885, o MDA em 1910 e o MDMA apenas alguns anos depois. Em 1985, o MDA e o MDMA foram colocados na Tabela I nos Estados Unidos, e são classificados de forma semelhante no Canadá (Tabela III) e no Reino Unido (Classe A). O DEA e a FDA trabalham juntos para determinar quais substâncias pertencem a quais tabelas, variando de I a V, dependendo do uso médico da droga e de seu potencial de abuso ou de causar dependência. Drogas na Tabela I são consideradas as de maior potencial de abuso e dependência, e as da Tabela V, o menor. Mas não se permita crer que o envolvimento do governo sugira uma supervisão cuidadosa do que está à venda. O MDMA de grau químico difere substancialmente do ecstasy que é comprado e vendido ao público. Como é mais provável adquirir pílulas adulteradas com outros estimulantes ou psicoativos, os usuários recreativos com frequência participam de uma roleta farmacológica.

Em geral, o uso do MDMA se dá por via oral ou por aspiração; pela boca, atinge o pico de concentração no sangue após umas duas horas e tem meia-vida bastante longa, de cerca de oito horas. (Como regra geral, são necessárias cerca de cinco meias-vidas para se livrar, grosso modo, de aproximadamente 95% de *qualquer* droga, de modo que o MDMA permanece por alguns dias.) Passada uma hora da administração dessa droga, há um enorme aumento na serotonina e outras monoaminas, seguido por uma redução abaixo do padrão referencial que se desenvolve ao longo de dias à medida que a droga é lentamente metabolizada. A consequência disso é que as pessoas muitas vezes experimentam efeitos posteriores, como letargia, depressão e problemas de memória ou concentração após alguns dias do consumo.

Para muitos, os efeitos agudos fazem valer um pouco menos esse mergulho de curto prazo. A droga aumenta sobremaneira a sensação de bem-estar e causa extroversão e sentimentos de felicidade e proximidade com os outros, em parte graças ao fato de que ela prejudica o reconhecimento de emoções negativas, incluindo tristeza, raiva e medo. A neurociência afetiva (o estudo do papel do cérebro nos estados de humor e sentimentos) demonstrou com clareza que não podemos sentir o que não podemos reconhecer, de modo que esse viés pró-social parece perfeitamente constituído e ajuda a explicar por que o ecstasy é chamado de droga do amor, tendo sido adotado para uso por conselheiros matrimoniais. Quanto a efeitos agudos desagradáveis, pode causar aumento do calor corporal, ranger de dentes, rigidez muscular, falta de apetite e sensação de cansaço nas pernas — nenhum dos quais particularmente contraindicados para a pista de dança.

Nos shows que frequento, o ecstasy é uma escolha popular, e imagino que melhore a experiência sensorial das luzes e solos de guitarra, bem como um sentido de camaradagem geral no local. Na posição de espectadora, com certeza aprecio mais os abraços aleatórios e as demonstrações emotivas dos usuários dessa droga do que a postura desleixada dos bêbados ou mesmo a "tranquilidade" quase comatosa exibida pelos apaixonados por maconha. Na verdade, às vezes acho que, tirando os usuários de ecstasy, as únicas pessoas que sairiam dançando na hora do bis seriam as sóbrias (e há mais delas do que você imagina!). Então, até onde se pode ver, a experiência parece ser muito boa por aí.

Entretanto, quanto mais você toma qualquer droga, maior o *processo b*, e o lado oponente/escuro dessa droga é realmente horrível. Muitos usuários regulares parecem caminhar para uma vida inteira de depressão e ansiedade. Pesquisas em ratos e primatas indicam que doses moderadas a altas de MDMA danificam terminais nervosos, talvez de maneira permanente. Por exemplo, os primatas que recebem ecstasy duas vezes ao dia durante quatro dias (oito doses totais) mostram reduções no número de neurônios serotoninérgicos *sete anos mais tarde*.

**Neurotoxidade do MDMA**

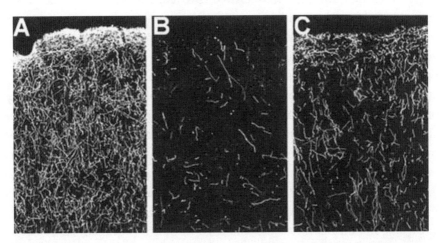

Aspecto de neurônios de serotonina no córtex de um macaco tratado com solução salina (A), duas semanas após uma exposição de 5 mg/kg duas vezes ao dia por quatro dias consecutivos (B), e seis a sete anos após a mesma exposição (C).

Ao que parece, o MDMA causa danos não reparáveis, sobretudo nos neurônios serotoninérgicos, levando à degeneração dos axônios e a perda de conexões entre as células.[9] Esses efeitos neurotóxicos sugerem que essa droga é tudo menos inócua. Embora não saibamos exatamente como o uso recreativo regular ou semirregular afeta o cérebro humano, uma vez que esses estudos exigiriam autópsias (e grupos de controle!), em minha opinião isso não parece bom. Por exemplo, a extensão do uso de MDMA em humanos está positivamente correlacionada à diminuição da função serotoninérgica.

Um estudo publicado por Lynn Taurah e colegas em 2014 deveria ser lido por todos aqueles que pensam em usar essa droga.[10] O objetivo do estudo foi verificar se o MDMA produz efeitos duradouros em humanos, como acontece em outros animais. A perda da função da serotonina e noradrenalina seria especialmente prevista para produzir depressão, impulsividade e comprometimento cognitivo, pois a transmissão da serotonina está criticamente envolvida no humor, na regulação comportamental e no pensamento. Tal estudo incluiu quase mil pessoas, com cerca de 20% de não habituados à droga e o restante dividido igualmente entre cinco grupos de usuários de drogas recreativas. Um grupo usava apenas álcool e/ou nicotina, outro usou maconha, talvez com álcool e/ou nicotina, 1/3 nunca havia usado MDMA, mas sim anfetaminas, cocaína, heroína e/ou cetamina. Os dois últimos grupos usaram o MDMA; o primeiro tinha usado a droga em algum momento durante os seis meses anteriores, mas não a usava havia pelo menos três semanas, e o grupo final era de ex-usuários de ecstasy que estavam abstêmios havia *pelo menos quatro anos*. Os pesquisadores efetuaram uma série de mensurações, incluindo várias associadas a humor e cognição. Houve duas grandes descobertas. A primeira, que os usuários antigos e atuais de ecstasy eram quase idênticos, e a segunda que esses grupos apresentavam níveis significativamente mais relevantes de depressão, impulsividade, sono insatisfatório e comprometimento da memória. Convém lembrar que eram usuários recreativos, muitos deles não tomavam a droga havia anos e os deficit eram evidentes.

Minhas interações com usuários de MDMA coincidem com as descobertas de Taurah e seus colegas. O primeiro usuário que conheci bem foi um ex-aluno de graduação chamado Doug. Brilhante, extrovertido e ansioso para obter experiência em pesquisa, trabalhou em meu laboratório nas férias da faculdade. Embora cada vez menos confiável conforme as semanas passavam, compensava sua falta de dedicação oferecendo ideias inteligentes e perspicazes sobre design experimental e interpretação, e quando estava presente era realmente muito bom. Por fim, percebi que o motivo de suas contribuições irregulares era seu trabalho como DJ em raves em uma cidade próxima. Estávamos no final dos anos 1990 e essa atividade era uma novidade na época. Ele era um bom DJ e me disse que o MDMA o ajudava a manter o ritmo das muitas horas de festa. Reiniciado o ano letivo, as notas de Doug caíram um pouco, mas não interagimos muito até que ele pediu para fazer ser meu orientando de novo no próximo período de férias. Não fiquei entusiasmada, mas como conduzir pesquisa com graduandos era fundamental em minha carreira, e eu tendia a fazer o que podia para oferecer oportunidades, dei a ele uma vaga. As coisas não correram bem. Confuso e desorganizado, cometeu tantos erros na primeira semana quanto a maioria dos novatos faz em um semestre, e não conseguia lembrar o que tínhamos discutido havia meia hora, que dirá um dia antes. Ele se desculpava bastante e com frequência, mas eu simplesmente não podia deixá-lo ficar no laboratório porque estávamos trabalhando com animais vivos (ratos) e o bem-estar deles é uma preocupação científica e moral. A essa altura, ambos reconhecemos a dramática situação e até conversamos sobre a provável causa, pois ele sugeriu que poderia ter feito "muito uso". Trombei com ele alguns anos mais tarde quando participava de uma reunião científica na mesma cidade em que ele trabalhava como garçom. Fiquei sabendo recentemente que um estado persistente de desespero crônico o levou ao suicídio.

Muitos pesquisadores estão soando o sinal de alarme, prevendo um aumento na psicopatologia relacionada ao ecstasy nas próximas décadas. Outros, contudo, defendem testes clínicos de MDMA no tratamento de distúrbios psicológicos, em particular nos relacionados a traumas. A MAPS [sigla em inglês para Associação Multidisciplinar de Estudos Psicodélicos], uma organização privada, recebeu faz pouco tempo aprovação da FDA para estudar o MDMA como auxiliar da terapia para o TEPT. Ela postula que a capacidade do MDMA de aumentar os sentimentos de confiança e compaixão em relação ao próximo será útil e que o MDMA puro tomado em um número limitado de vezes, e em doses moderadas, será seguro. Essa organização está gastando cerca de US$25 milhões para ter um remédio aprovado até 2021, observando que as empresas farmacêuticas com fins lucrativos não estão interessadas em desenvolver o MDMA como um remédio, talvez porque sua patente tenha expirado ou, quem sabe, para evitar responsabilidades futuras.

Estou me sentindo como se este livro estivesse cheio de tristeza e desânimo, mas de certa forma este pode ser o capítulo mais depressivo (sem trocadilho). Toda droga que age no sistema nervoso central para mudar a maneira como nos sentimos causará um processo oponente. Para a maioria das drogas discutidas neste livro, é provável que, com a abstinência, o processo se dissipe e o cérebro retorne para algum lugar próximo de seu estado original. Infelizmente, não parece que este seja o caso dos estimulantes, em particular para os indivíduos que abusam das anfetaminas ou do ecstasy. Como já discutimos, cocaína, metanfetamina e ecstasy não interagem com receptores, mas com transportadores, porém não é isso em si o que os torna perigosos. De fato, os inibidores seletivos de recaptação de serotonina, bem como os antidepressivos tricíclicos mais antigos, são alguns dos mais conhecidos bloqueadores de transportadores, e nenhum deles mostra evidências de dano cerebral permanente. Mesmo a cocaína não parece causar o tipo de dano a longo prazo que as anfetaminas e o ecstasy, talvez porque — como os antidepressivos — permaneça na brecha sináptica em vez de ser transportada para as células como seus primos mais tóxicos. Parece provável que a presença dessas drogas dentro dos terminais nervosos explique de alguma forma seus efeitos tóxicos.

Estimulantes 125

O ecstasy é a síntese da ironia inerente ao processo oponente. Enquanto usam, as pessoas experimentam uma profunda sensação de bem-estar, enxergando o melhor em si mesmos e naqueles que os rodeiam. Em consequência desse viés positivo, aceitam coisas e pessoas, incluindo a si próprios, tal como se expressam em toda sua beleza estonteante. Mas o dano subsequente assegura a experiência oposta: um sentimento de alienação e desespero. Não parece coincidência que a popularidade dessa droga tenha aumentado com a maior fragmentação e sentido de desconexão da sociedade atual. Dificilmente conhecemos nossos vizinhos e, pelo menos nos Estados Unidos, ficamos boa parte do dia isolados de nossas comunidades, incluindo o mundo natural, enquanto rodamos por aí em caixas de metal e passamos dias e noites interagindo com máquinas. Isso é doloroso e antinatural, mas seria a droga uma espécie de antídoto que temporariamente levanta o véu para nos mostrar um ao outro, mas que depois fortalece as paredes entre nós?

# 8

## Vendo Claramente Agora: Psicodélicos

*Meu cérebro é uma névoa roxa,*
*Hoje em dia as coisas não parecem as mesmas*
—Jimi Hendrix, "Purple Haze" (1967)

## A Boa Ciência

Existem inúmeras substâncias que alteram a percepção, algumas mais potentes que outras. Em virtude dessa similaridade em termos de efeito, alguns especialistas incluem substâncias como MDMA, cetamina, beladona e salvinorina A em uma categoria genérica ao lado de drogas como LSD, psilocibina, mescalina e DMT. No entanto, os mecanismos pelos quais essas drogas afetam o cérebro, seus efeitos específicos e consequências comportamentais, inclusive a capacidade de provocar dependência, diferem tão amplamente que parece apropriado fazer uma análise mais meticulosa. Apesar da não concordância de alguns pesquisadores com minha classificação, este capítulo é dedicado exclusivamente a um grupo restrito de drogas capazes de abrir a mente e que agem da mesma maneira, ativando um tipo particular de receptor de serotonina para modificar a experiência. Vou chamá-los de psicodélicos. Usarei o termo "alucinógeno" para compostos que induzem alucinações, mas não são primariamente agonistas do receptor 2A da serotonina (estes serão abordados mais tarde).

Um fato singular sobre os psicodélicos é que a maioria dos cientistas que estudam substâncias cujo abuso causa dependência não acredita que sejam viciantes. Embora altamente regulados em todo o mundo, os compostos LSD, mescalina, DMT e psilocibina são bem menos prejudiciais do que muitas outras substâncias e podem até proporcionar benefícios. Apesar da oposição política e social, e da escassez de pesquisas (em razão de restrições regulatórias), a comunidade científica permanece curiosa a respeito dos efeitos desses compostos, e de mente aberta quanto ao potencial benefício terapêutico que podem oferecer.

A história recente dessas drogas começou em 1898 com o isolamento da mescalina pelo químico alemão Arthur Heffter, que trabalhou em um peiote [um tipo de cacto] obtido junto a um colega nos Estados Unidos. Cerca de uma década antes, em Detroit, a Parke, Davis & Co. havia recebido topos de caules e "botões" de peiote de uma fonte desconhecida no Texas, que aparentemente estava curiosa sobre o que os químicos poderiam descobrir. A empresa enviou alguns deles para Louis Lewin, na Alemanha, considerado um dos fundadores do campo da psicofarmacologia. A psicoquímica do peiote foi capaz de levar o professor Lewin a viajar ao sudoeste norte-americano no ano seguinte e começar sua própria coleção, algo que na época não era um assunto trivial, e se tornou a fonte de suprimento de Heffter. Por fim, Heffter conseguiu isolar e caracterizar vários alcaloides puros da planta, e usando experimentos com animais e "autoexperimentos", testando-os um de cada vez, mostrou que a mescalina era a responsável química pelas profundas propriedades psicoativas do peiote. Ainda que ingerir o objeto de estudo de sua pesquisa seja desaprovada como estratégia nos laboratórios hoje, Heffter reconheceu desde cedo que, fora os estudos de toxicologia, os modelos animais não são especialmente úteis para caracterizar os efeitos farmacológicos das drogas psicodélicas. Como resultado dos experimentos de Heffter, a mescalina foi sintetizada

por Ernst Späth em 1919, abrindo as portas para estudos a respeito de seus efeitos clínicos no início daquele século.

Psilocibina, mescalina e DMT são compostos naturais usados durante milênios por povos indígenas em rituais sagrados; o LSD é um composto sintético criado por Albert Hofmann, um químico suíço, em 1938. Cinco anos depois, em 1943, ele ingeriu inadvertidamente uma pequena quantidade e fez uma descoberta transformadora, à qual descreveu como um "fluxo ininterrupto de imagens fantásticas, formas extraordinárias com intenso jogo caleidoscópico de cores". Tornou a fazer isso três dias mais tarde, e muitas vezes depois disso, continuando a tomar pequenas doses durante a maior parte de sua vida e promovendo o que considerava um valor "sagrado", uma ajuda para a "experiência mística de uma realidade mais profunda e abrangente". Mais tarde, simplificou essa descrição, chamando-a de "remédio para a alma"[1].

Hofmann defendeu, em uma entrevista concedida a Stanislav Grof, seu ponto de vista quanto à reputação do LSD de ser uma perigosa "party drug":

> GROF: É comum, na literatura psicodélica, haver uma distinção entre os chamados psicodélicos naturais, como psilocibina, psilocina, mescalina, harmalina ou ibogaína [sic], que são produzidos por várias plantas (e isso se aplica ainda mais às próprias plantas psicodélicas) e os psicodélicos sintéticos, que são produzidos artificialmente em laboratório. E o LSD, que é semissintético, e portanto uma substância que foi produzida no laboratório, é em geral incluído entre os últimos. Eu entendo que você tem um sentimento muito diferente a propósito disso.

> HOFMANN: Sim. Quando descobri a amida de ácido lisérgico no ololiuqui [as sementes de "Flowering Vine"], percebi que o LSD é realmente apenas uma pequena modificação química de uma droga sagrada muito antiga do México. Sendo assim, o LSD pertence, em virtude de sua estrutura química e atividade, ao

grupo das plantas mágicas da Mesoamérica. Não ocorre na natureza como tal, mas representa apenas uma pequena variação química do material natural. Portanto, pertence a esse grupo como um produto químico e também, é claro, devido a seu efeito e potencial espiritual. No cenário das drogas, o uso do LSD pode então ser visto como uma profanação de uma substância sagrada. E essa profanação é a razão pela qual o LSD não teve efeitos benéficos no cenário das drogas. Em muitos casos, na verdade, produzia efeitos aterrorizantes e deletérios em vez de efeitos benéficos, em decorrência do uso indevido, pois era uma profanação. Deveria ter sido submetido aos mesmos tabus e à mesma reverência que os índios tinham em relação a essas substâncias. Caso tivesse sido essa a abordagem, o LSD nunca teria tão má reputação.[2]

Hofmann levanta vários pontos críticos. Primeiro, que o LSD pertence a uma mesma classe de outras drogas sagradas usadas pelos povos indígenas. O uso dessas substâncias, como o de praticamente todas as drogas psicoativas, começou em grupos comunitários que as empregavam para fins sociais, espirituais e medicinais. Os povos indígenas de todo o mundo utilizavam sua farmacopeia local para investigar o sentido de sua própria existência; e faziam isso em contextos ritualísticos, tendo xamãs ou professores como guias. É difícil saber exatamente como e quando essas "viagens" começaram, mas elas com certeza já aconteciam bem antes de as pessoas começarem a registrar a história. Existem algumas representações artísticas muito antigas. Pinturas rupestres no Saara norte-africano sugerem que as tribos aborígenes comiam cogumelos psicodélicos já em 7000 a.C. Na Espanha as pinturas são um pouco menos antigas. A mescalina tem sido usada há pelo menos 1.700 anos na região do México e no Oeste da América do Sul, obtida de várias espécies de cactos, incluindo o peiote, o San Pedro e a Tocha Peruana. O Ayahuasca [ou Daime], que contém DMT, tem sido usado há muito tempo no Peru e em outras partes da América do Sul.

# Vendo Claramente Agora: Psicodélicos

Em seguida, Hofmann lamenta o uso irresponsável do LSD na cultura da droga (do qual admito ser um exemplo). Ele não é o único a fazer isso. Theodore Roszak, que cunhou a palavra "contracultura" e cujos textos registraram o movimento hippie, observou em 1969:

> Talvez a experiência com drogas produza frutos significativos quando enraizada no solo de uma mente madura e cultivada. Contudo, quem a abraçou, de repente, foi uma geração de jovens pateticamente afastados ou carentes de cultura movidos por uma ânsia vazia que nada traz para a experiência. Em sua rebelião adolescente, jogaram fora a cultura corrompida de seus pais e antepassados e, junto com a água suja do banho, o próprio corpo da herança ocidental, na melhor das hipóteses em favor de tradições exóticas apenas marginalmente compreendidas por eles; e na pior, em prol de um caos introspectivo no qual os 17 ou 18 anos de suas vidas ainda não formadas escorrem como partículas infinitesimais no abismo do tempo.

Chocante, mas provavelmente verdadeiro. Como outras coisas boas, a droga pode ter sido "desperdiçada nos jovens". No entanto, o aspecto mais relevante do que Hofmann ressaltou é que o uso psicodélico pode beneficiar a humanidade. Disse isso de muitas maneiras ao longo de sua ilustre carreira como cientista e autor, inclusive ao discursar por ocasião da celebração de seu centésimo aniversário: "Isso me deu uma alegria interior, uma mente aberta, um senso de gratidão, visão e percepção sobre os milagres da criação... penso que na evolução humana nunca foi tão necessário ter essa substância, LSD, à disposição. É apenas uma ferramenta para nos transformar naquilo que deveríamos ser."[3]

Como veremos, minha tendência é concordar.

## Distinções

A dietilamida do ácido lisérgico, ou LSD, comparada com seus análogos naturais, psilocibina, N,N-dimetiltriptamina (DMT) e mescalina, difere mais quanto à sua potência. O LSD é um dos compostos psicoativos mais potentes que conhecemos, e é eficaz em concentrações cerca de 200 vezes mais baixas do que o segundo colocado nesse quesito, algo não muito diferente com relação aos demais. Apenas 50 a 100 microgramas (0,00005 gramas = 50 microgramas) de LSD, em geral fornecidos em uma tira de papel borrifada com uma pequena quantidade de líquido, induzirão uma viagem que dura de 6 a 12 horas. A duração é similar na mescalina, enquanto para a psilocibina é de cerca de metade do tempo. Em todos a administração é feita por via oral e a tolerância induzida é rápida e profunda. Na verdade, além do fato de que não causam liberação de dopamina no núcleo accumbens, essa tolerância é tão rápida que o uso regular é inútil.

A ação do DMT tem um tempo menor de duração, e quando fumado, como é comum para usuários recreativos, tem um início muito rápido. Isso levou à sua reputação de "viagem de um homem de negócios", pois dura apenas o tempo de uma pequena pausa no escritório — entre 5 e 15 minutos. No entanto, os efeitos do DMT podem durar algumas horas quando ingerido junto com outro composto que bloqueia a enzima monoamina oxidase (MAO), o que é necessário para prevenir a quebra natural do DMT no sistema digestivo. Uma fonte desse inibidor da MAO é o ayahuasca, *Banisteriopsis caapi*. Bebida cerimonial fabricada a partir do ayahuasca e das folhas de uma planta que contém DMT (comumente *Psychotria viridis*, mas há pelo menos 50 outras espécies de plantas, bem como três fontes de mamíferos e outra de uma determinada espécie de alcyonacea [um coral]), tem sido usada historicamente em rituais religiosos e de cura, e cada vez mais por turistas. Há uma indústria em expansão do "ayahuasca" na América do Sul, impulsionada por milhares de pessoas que vão à floresta tropical amazônica em busca de insights existenciais. O DMT é citado como causador de experiências místicas vívidas, de euforia e alucinações, especialmente com formas geométricas, inteligências superiores, extraterrestres, elfos e Deus. É ilegal na maioria dos países e possui vários análogos estruturais, incluindo o 5-MeO-

-DMT, que é um pouco mais potente. O DMT está na Tabela I nos EUA, embora alguns grupos religiosos tenham permissão para usar a droga para fins cerimoniais.

Não tenho nenhuma experiência com o DMT, que também está disponível em forma sintética, mas já experimentei os outros (LSD, psilocibina e mescalina). Elfos não fazem parte de minhas lembranças, mas se fizessem estou certa de que seriam amigáveis. Na primeira viagem, e em todas depois, foi como abrir uma porta para uma existência muito mais vasta e misteriosa do que a habitual. Vinte ou trinta minutos após colocar um tablete debaixo da língua, mastigar um botão de peiote ou comer cogumelos mágicos, uma deliciosa sensação de convite, limites desmoronando e alegria esfuziante começavam a borbulhar em meu âmago. Embora nunca tenha tido uma viagem ruim, algumas foram muito intensas e não inteiramente prazerosas, mas o "passeio" foi sempre tão interessante para minha mente científica que aonde me levasse parecia valer a pena. Minha boa sorte provavelmente se deveu em parte a meu jeito otimista de ser e à inocência um tanto obtusa que caracterizava os anos 1980.

Essas drogas nos levam a embarcar em um veículo autônomo e viajar a um lugar desconhecido para ter encontros fortuitos e distantes de qualquer coisa conhecida. Ainda que eu possa supor que não seja confortável para ninguém sentir-se perdendo o controle, provavelmente estou mais inclinada do que uma pessoa média a apreciar a sensação de ser varrido de um terreno sólido, seja porque tenho a tendência de buscar novidades e emoções, seja por causa de um desejo profundo de tocar o inefável. Olhando em retrospecto, considero minha experiência com psicodélicos como a antítese da que tive com estimulantes, pois com estes eu sabia com exatidão para onde estava indo e como chegar lá, sem distrações no meio do caminho.

Viagens "ácidas" me ajudaram a perceber, em um momento crítico de meu desenvolvimento psicossocial, que eu não era o centro de coisa nenhuma. Foi um grande alívio! Além disso, e talvez por estar temporariamente livre de meu delírio egocêntrico, tornei-me mais consciente de uma energia sempre presente, infinita e maravilhosa, imersa em cada partícula da criação e envolvendo-as todas. Embora não consiga evocá-la tão intensamente como quando estava viajando, esse sentimento não me abandonou. Graças a seu halo duradouro, tendo a concordar com Hofmann e outros que os psicodélicos são uma ferramenta para o caminho, mas não um caminho em si. Pensar de outra maneira é confundir o dedo apontando para a lua com a própria lua.

Minhas experiências eram bem típicas, com "viagens" psicodélicas caracterizadas por emoções intensas e realizações místicas, juntamente com alucinações (sobretudo visuais). Além da tendência a perceber tudo como se tivesse sido injetado por uma energia vital, vê-se, por exemplo, superfícies sólidas parecendo revelar sua natureza atômica vibracional, ou árvores que se dobram e ondulam como se feitas de fluidos; muitas vezes há uma sensação de unidade oceânica e maior conexão com os outros e com o resto do mundo. Por outro lado, existem também "viagens ruins", igualmente profundas, mas às vezes desafiadoras em termos psicológicos e espirituais, e por isso essas drogas têm a reputação de serem muito imprevisíveis. Assim como as experiências positivas, as negativas variam bastante. Tal como os sonhos, refletem uma atividade até certo ponto irrestrita e não filtrada no córtex cerebral. Um amigo com quem eu estava viajando na praia tinha certeza de que o oceano estava fervendo (*era* um dia quente) e via suas pernas derretendo na areia, concluindo então que estávamos todos condenados; e uma amiga viu lagartos sendo paridos por uma pizza, e depois pelas paredes de seu quarto. Descartar a ilusão de controle e até mesmo abraçar a experiência (como *seria* isso de derreter?) foram as estratégias que funcionaram melhor para mim. Contudo, vistas em retrospectiva, mesmo as viagens ruins são com frequência percebidas positivamente, como uma forma de o usuário enfrentar conceitos desafiadores, como a questão de sua própria mortalidade, ou encarar outras realizações existenciais difíceis. Isso contrasta com os tipos de experiências adversas causadas por outras classes de drogas. O estupor de uma embriaguez combinado com ânsia de vômito, por exemplo, nunca é visto como uma coisa boa, nem a desconexão de percepções sob a influência de anestésicos dissociativos, um assunto do próximo capítulo.

Em razão desses efeitos de ordem superior, e considerando o fato de que os animais não humanos em geral não optam por administrar essas drogas em si próprios, ficou difícil caracterizar a farmacodinâmica dos psicodélicos. Os descobridores, você deve se lembrar, aprenderam sobre a relação estrutural e de funcionamento usando-se como sujeitos de teste. A título de ilustração, fiquei impressionado ao tomar conhecimento, consultando a literatura mais antiga, que, além dos seres humanos, a única espécie a mostrar interesse em se voluntariar para testar psicodélicos era a dos primatas não humanos, que às vezes — apenas quando privados de estimulação externa normal, incluindo interações sociais —, preferem sentar-se a sós em suas jaulas e se autoaplicar psicodélicos, perdidos em algo que só posso imaginar.

## Ficando Calejada

Começar a perceber que minha configuração neural de certa forma impedia o uso social regular das drogas já era desesperador o suficiente, mas o pensamento de nunca usar *nenhuma* droga era demais para suportar. Com algumas delas, era pegar ou largar. O álcool, tal como o oxigênio, para mim era algo natural, eu me beneficiava de suas propriedades, mas não me importava muito com isso. Meu vínculo emocional com a maioria das outras substâncias era similarmente agnóstico, embora na época em que cheirei minha última carreira de coca eu nunca mais quisesse ver aquela coisa de novo. Por outro lado, meu relacionamento com maconha e psicodélicos estava repleto de sentimentos profundos. O pesar por ter que parar de fumar maconha levou muitos anos para ser superado, porém, com toda sinceridade, não conseguia me imaginar ficar sem as viagens que o ácido proporcionava. Embora imbuída da filosofia do "um dia de cada vez" e capaz de aplicá-la à maioria das substâncias — até mesmo a maconha, pois no fundo eu sabia que fumar era principalmente para reprimir o pânico e o tédio de não fumar —, achei que ficar para sempre longe de drogas psicodélicas era um golpe devastador ao extremo. Na verdade, acalentei no fundo do coração a noção de que poderia ser capaz de ingerir ácido em ocasiões especiais, plenamente convicta de que o próprio LSD tornaria qualquer ocasião especial.

Sempre me senti caindo nesta armadilha lógica: posso usar qualquer droga que eu queira, desde que de fato não queira fazer isso. O inverso parece igualmente trágico: aqueles que podem se dar ao luxo de usar são os candidatos menos merecedores. Meu marido faz parte desse grupo; quando tem um dia difícil e lhe sugiro tomar uma bebida, ele apenas me devolve um olhar inexpressivo. É comum ele deixar cervejas inacabadas ou recusar uma em um show porque está sentado muito longe para ir de vez em quando ao banheiro. Esse tipo de raciocínio me foge à compreensão, porque eu correria o risco de não conseguir sair do estacionamento.

Entretanto, minha esperança quanto aos psicodélicos resistia. Há alguns anos, limpa e sóbria há vários anos, apresentava minha fantasia em meio a um grupo de amigos íntimos. Por serem na maioria neurocientistas novatos, expus uma elaborada justificativa de por que essa classe de drogas era diferente das outras e, na verdade, não deveria ser classificada como viciante. Essas drogas não levam à liberação de dopamina no núcleo accumbens (eu precisava dizer mais?), então os animais não humanos não se autoadministram. Eles não podem ser ingeridos compulsivamente, pois a tolerância é tão rápida e profunda que impede o uso regular; não há evidências de dependência e nenhuma prova convincente de dano na maioria das pessoas. Por fim, coroei minha fala com o argumento aparentemente sólido de que bastaria uma breve recaída para me impulsionar para fora do lance psíquico de vários anos no qual eu estava. (A meia-idade pode ser descrita como um "interregno" entre o glorioso poder e a inocência da juventude e a sabedoria e a liberdade dos mais maduros, e eu estava ansiosa para seguir em frente.) Meus amigos apenas riram, e percebi, graças à minha sensação de frustração infantil frente à incapacidade deles de apreciar meu raciocínio, de que meus planos — ao menos por ora — haviam afundado.

A luz no fim do túnel da meia-idade parece visível para mim agora, e estou em um lugar melhor do que naquele apelo a meus amigos. Por enquanto, adotando a mesma estratégia que uso com a maioria das drogas, me mantenho longe desde 1986, apesar de não ter fechado a porta. Em parte porque estou inclinada a fazer exatamente o que todos me dizem — até mesmo eu — e não usar, mas fazer regras sobre comportamento não funciona muito bem no meu caso. E em parte porque, ainda que reconheça que me beneficiei dos psicodélicos, os retornos em doses repetidas estavam diminuindo. Para mim, o aspecto chave dos psicodélicos é que eles lançam luz sobre o que está sempre disponível mas, de alguma maneira, geralmente obscurecido. Ter me dado conta um pouquinho que seja de meu lugar no cosmos — Infinitesimal! Glorioso! — e sobre o próprio cosmos — Pleno! Glorioso! — me faz sentir que seria imaturo voltar a beber naquela fonte. Isso por si só deveria falar sobre a natureza não viciante dessas drogas, pois ter tido o pleno benefício da experiência nunca me deteve antes.

## Remédios

É lamentável que Albert Hofmann não tenha vivido mais alguns poucos anos, porque agora parece bem provável que suas expectativas sobre as drogas psicodélicas — tais como ajudar a viver melhor — podem ser concretizadas em breve.

Nos últimos anos, estudos clínicos sugeriram que os psicodélicos trouxeram benefícios para tratamento de depressão, dependência de álcool e nicotina, e ansiedade frente à proximidade do fim da vida.[4] Tais estudos, cuidadosamente conduzidos e monitorados, foram realizados em escolas de medicina de renome, como Johns Hopkins, New York University e Imperial College, em Londres. A maior parte das pesquisas até agora utilizou a psilocibina, em parte porque "viagens" mais curtas, por volta de três horas, são mais passíveis de inspeções laboratoriais, mas uma delas empregou LSD, e o FDA dos Estados Unidos recentemente aprovou uma primeira experiência de tratamento da depressão com o ayahuasca. As plantas necessárias estão sendo cultivadas no Havaí para estarem prontas para o início do estudo por ocasião da publicação deste livro [trata-se do original em inglês nos Estados Unidos].

Alguns dos estudos mais provocantes tratam de pacientes diagnosticados com doenças terminais.[5] Esses estudos se caracterizam, normalmente, pela ingestão de doses controladas de um composto psicodélico em um ambiente clínico aprimorado, muitas vezes parecendo um agradável quarto de hotel equipado com um bom sistema de som tocando música facilitadora da experiência. (Se isso soa como os "testes de ácido" de Haight-Ashbury [bairro de São Francisco considerado o berço da contracultura] na década de 1960, posso entender o porquê, mas a principal diferença é o controle rígido da dosagem e a presença de pessoal clínico treinado.) Os participantes em geral têm duas sessões de várias horas de viagem guiada, realizadas com algumas semanas a um mês de diferença. Os orientadores clínicos ajudam os pacientes a processar a experiência com segurança durante as várias horas de introspecção profunda. Quando retornam, os pacientes frequentemente relatam novas percepções. Os guias também os incentivam a continuarem a explorar percepções significativas após o término das visitas. Pacientes terminais submetidos à terapia assistida por psilocibina relatam maior aceitação em relação à morte.

Tais estudos são preliminares, mas é importante ter em mente que não há alternativas melhores para oferecer às pessoas que sofrem com o pensamento da morte iminente. Ansiedade, depressão e vício são comuns também porque os tratamentos existentes não são suficientes, e, é claro, porque todos nós morreremos. Até agora não houve efeitos colaterais adversos nesta segunda geração de estudos (há relatos equivocados de algumas experiências negativas em estudos que ocorreram em uma primeira leva), e muitos participantes parecem de fato transformados com a experiência.

Estudos correlacionados também são intrigantes. Embora não possam avaliar as relações de causa e efeito, eles nos ajudam a entender se as variáveis estão relacionadas umas às outras. Um relatório recente averiguou os potenciais benefícios do insight possibilitado por essas drogas para o comportamento pró-social.[6] Pesquisadores liderados pelo professor Peter Hendricks, da Universidade do Alabama, descobriram uma redução de 25% na probabilidade de roubo ou outros crimes contra a propriedade e de 18% na probabilidade de crime violento entre aqueles que usaram psicodélicos, em um grupo de quase meio milhão de adultos dos EUA que participaram da Pesquisa Nacional sobre Uso de Drogas e Saúde entre 2002 e 2014. Curiosamente, o uso de outras drogas, incluindo cocaína, heroína, maconha e MDMA foi associado ao *aumento* do risco de cometer esses crimes, sugerindo que o benefício é específico para substâncias psicodélicas. Na mesma linha, outro grupo usou um projeto de caráter experimental para estudar a influência da psilocibina em uma ampla gama de medidas psicológicas associadas a comportamentos pró-sociais. Os participantes foram distribuídos em um grupo de controle, que recebeu placebo, ou em um dos dois grupos experimentais, que receberam psilocibina mas variaram na quantidade de orientação instrucional que receberam sobre práticas espirituais diárias, como meditação, para ver se isso ajudava a intensificar qualquer efeito da droga. Havia 25 participantes em cada grupo, os quais eram submetidos ao mesmo procedimento duas vezes ao mês. Além de mostrar que o tratamento era seguro e agradável, entrevistas de acompanhamento seis meses depois evidenciaram benefícios duradouros da droga em várias aspectos, incluindo comportamento altruísta, maior espiritualidade e uma maior sensação de bem-estar e satisfação com a vida.[7] Essas descobertas replicam e ampliam pesquisas anteriores, revisadas em profundidade por David E. Nichols. Por exemplo, José Carlos Bouso e colegas compararam mais de cem usuários regulares de ayahuasca com grupos de controle ativamente religiosos combinados em uma série de variáveis psicológicas, incluindo bem-estar, cognição e vários índices de psicopatologia.[8] Os usuários de ayahuasca ocuparam os postos mais baixos em todas as escalas psicopatológicas, incluindo tendências para TOC, ansiedade, hostilidade, paranoia e depressão. Eles não demonstraram nenhuma diferença nas medidas cognitivas, mas pontuaram mais em medidas de bem-estar psicossocial do que um grupo de controle com indivíduos religiosos que não usavam drogas psicodélicas.

Então, de que modo essas drogas podem estar trabalhando para ajudar a aliviar a depressão persistente, reduzir os vícios, permitir que as pessoas encarem sua morte iminente com serenidade e melhorar os comportamentos pró-sociais? Essa é uma questão que ainda está por ser respondida, mas uma revisão recente sugere que os benefícios decorreriam de suas interações específicas com um dos receptores de serotonina (a serotonina 2A).[9] As drogas induzem a atividade em genes que estão associados à neuroplasticidade e interrompem o desenvolvimento estabelecido/conexões padrão entre grupos de neurônios, que "podem permitir que o cérebro volte a entrar em um estado de plasticidade global generalizada, pelo qual os padrões mal adaptados responsáveis pela manifestação da doença psiquiátrica podem ser redefinidos".[10]

Ainda é muito cedo para saber em definitivo como as drogas atuam no cérebro para produzir seus efeitos, ou dizer se os benefícios serão substanciais e duradouros, mas o futuro para os pesquisadores que estudam essas substâncias parece mais favorável do que vem sendo há décadas. Uma história milenar de uso medicinal em seres humanos, aliada a casos de experiências de mudança de vida, bem como os resultados empíricos preliminares encorajadores que têm sido observados, sugerem que podemos estar à beira de uma maneira mais humana de tratar a psicopatologia. Quem não estaria aberto à possibilidade de tratamento eficaz para a epidemia de depressão, ansiedade ou transtorno de personalidade antissocial, sobretudo sendo de menor custo e que parece ter menos efeitos colaterais do que as farmacoterapias existentes?

# 9

## Uma Vontade e um Caminho: Outras Drogas Viciantes

> Quer dizer, ao menos em parte, foi por isso que ingeri resíduos químicos — era uma espécie de desejo de abreviar a mim mesma... eu queria ser menos, então tomei mais — simples assim.
>
> —Carrie Fisher, *Memórias da Princesa* (2016)

### Não Vamos Parar Agora

Quando eu estava começando a experimentar drogas, havia a lenda urbana de que fumar cascas de banana dava onda. Então tentei, além de hiperventilar e tomar aspirina e refrigerante. Foram as primeiras tentativas, ainda que toscas, de mexer com minha mente. Não sei se essas superstições específicas perduram, mas tenho certeza de que não fui a única a tentar tais práticas inúteis.

O impulso para alterar o modo como experimentamos a existência é universal. Desde que se começou a registrar os acontecimentos (e provavelmente antes), temos administrado de modo intencional substâncias para alterar o funcionamento psicológico. Para cada avanço em nossa compreensão de como o cérebro trabalha, descobrimos que existe um produto natural para explorá-lo. As plantas produzem morfina, cocaína, nicotina, cafeína, maconha e uma infinidade de compostos alucinógenos naturalmente, e essas substâncias têm sido usadas desde pelo menos o início dos registros arqueológicos. O álcool foi fabricado há cerca de 10 mil anos sob a forma de hidromel, a partir de mel fermentado, e tem sido popular esse tempo todo. O uso recreativo e/ou ritualístico de produtos químicos ocorreu em todas as populações humanas capazes de tirar proveito das drogas.

Drogas não são uma exclusividade humana. Inúmeras outras espécies, de outros primatas a insetos, parecem gostar das mudanças induzidas por produtos químicos. A maioria de nós já viu gatos apreciando os efeitos do catnip [uma planta também conhecida como erva de gato]. Muitos animais comem opiáceos, e o álcool de frutas fermentadas é popular entre mamíferos, pássaros e insetos. Um dos meus exemplos favoritos do reino animal vem de uma espécie particular de formigas (*Lasius flavus*) que mantêm uma relação aparentemente simbiótica com besouros (*Lomechusa*), em que as formigas alimentam besouros adultos e nutrem as larvas deles (às custas de sua própria colônia) a fim de compartilhar com regularidade uma gosma exsudada pelas glândulas dos besouros que não parece servir a outro propósito senão deixar as formigas *realmente* calmas. A universalidade do consumo de drogas em todo o reino animal sugeriu a alguns estudiosos que tal atividade pode refletir um impulso biológico, como o da comida ou do sexo.

Neste capítulo, abordaremos uma ampla gama de drogas de diferentes classes, incluindo algumas derivadas naturalmente de plantas ou animais, além de uma grande e crescente coleção de compostos sintéticos. Algumas dessas substâncias são muito nocivas, outras menos, mas para qualquer droga administrada de maneira regular, como já vimos, há uma adaptação compensatória por parte do cérebro e, portanto, o risco de dependência.

## Outros Estimulantes

Já falamos sobre os estimulantes mais conhecidos, incluindo nicotina, cocaína, metanfetamina e ecstasy, ou MDMA. Esta classe popular engloba também uma extensa gama dos mais diversos compostos naturais. Alguns deles tiveram um breve aumento de popularidade na última década, ao serem empacotados juntos e comercializados como "sais de banho" para evitar a regulação e a classificação como substâncias controladas. Pareciam-se com cristais de banho e eram com frequência oferecidos como produtos "Para Consumo Não Humano" para que pudessem ser vendidos em postos de gasolina ou pela web. Nessas condições, eram ainda mais fáceis de se obter do que os cigarros e o álcool, até que chamaram a atenção das autoridades após uma série de relatórios de centros de tratamento de saúde para envenenamentos.

A mefedrona é um desses compostos, às vezes chamado de drona ou MCAT. É uma versão sintética da catinona, substância semelhante à anfetamina do khat. Sintetizada pela primeira vez na década de 1920, foi redescoberta por volta da virada deste século, quando, amplamente usada e abusada, foi declarada ilegal na maioria dos lugares alguns anos depois. MDPV é outro composto que foi encontrado em sais de banho. Ambas as substâncias são estruturalmente semelhantes às anfetaminas e atuam da mesma maneira, bloqueando os transportadores de monoamina para produzir efeitos similares. Khat é um arbusto florífero, fonte de catinona, encontrado no extremo oriente da África e na Península Arábica. Devido à sua longa história de uso, a condição de droga viciante do khat é reconhecida há um bom tempo. Isso ocorre, por exemplo, desde 1980 pela Organização Mundial da Saúde; controlado em grande parte do Ocidente, tem curso legal em muitos lugares, incluindo Somália, Iêmen e Etiópia. Alguns países, como Israel, proíbem a catinona mas permitem o consumo de khat em seu estado natural, normalmente por mastigação, da mesma forma que alguns países sul-americanos vêm fazendo com as folhas da planta da coca há séculos. Como a anfetamina, a catinona produz excitação comportamental e cognitiva, euforia e perda de apetite. Também pode levar à dependência.

Estima-se que entre 5 e 10 milhões de pessoas usam o khat todos os dias. O efeito da droga é melhor obtido ao se mascar folhas frescas, pois perde rapidamente a potência conforme a catinona se decompõe em catina, o que ocorre em poucos dias. A catina também é psicoativa, mas não tão potente quanto a catinona. A conversão pode ser retardada mantendo as folhas úmidas, e dada a combinação de elevadas demandas de irrigação, crescimento e distribuição do khat, a planta tem comprometido significativamente o suprimento de água em alguns lugares. Por exemplo, o khat é tão popular no Iêmen que seu cultivo consome cerca de 40% do suprimento de água do país. Um "pacote diário" de khat requer cerca de 500 litros de água para produzir, o que reduziu os níveis de água na bacia de Sanaa. Infelizmente, os agricultores têm grande interesse em cultivar o khat, não apenas para uso próprio, mas porque se trata de uma das formas mais lucrativas de ganhar a vida; os lucros são muito mais altos do que os gerados a partir do cultivo de frutas, por exemplo. Se a irrigação for suficiente, a planta pode ser colhida quatro vezes por ano.

A Efedra é outra espécie de planta que contém vários compostos ativos semelhantes à anfetamina, principalmente efedrina e pseudoefedrina. Essas substâncias vêm de plantas do gênero *Ephedra,* nativas da China, cujo uso data pelo menos da dinastia Han (206 a.C.–220 d.C.). Esses compostos estimulam o sistema nervoso simpático a ativar o cérebro e o comportamento, aumentar a frequência cardíaca e a pressão sanguínea, expandir os brônquios e aumentar o metabolismo. Este último efeito é útil para a perda de peso; além disso, a droga tem a capacidade de melhorar o desempenho atlético e ajudar na musculação — pois aumenta a motivação e a energia para treinar —, o que a tornou um complemento atraente para muitos usuários. A regulação do uso da efedra foi controversa, com a indústria de suplementos gastando muitos milhões argumentando que a erva e seus produtos são seguros, apesar dos indícios de uma alta incidência de reações perigosas nos usuários. A ciência prevaleceu e os suplementos dietéticos contendo efedrina se tornaram ilegais nos Estados Unidos. (As vendas de produtos que contêm efedra, mas não efedrina, o ingrediente ativo, permanecem legais.) A efedrina é regulada também porque pode ser usada para sintetizar a metanfetamina. Uma medicação popular sem exigência de receita médica e com efeitos colaterais similares é a pseudoefedrina, o princípio ativo dos descongestionantes nasais, como o Sudafed. Não está mais livremente disponível nas prateleiras das farmácias dos EUA porque também pode ser usado para fabricar metanfetamina.

Todas essas drogas agem de forma semelhante, bloqueando a recaptação de catecolaminas (um subgrupo de monoaminas que se distinguem por possuir uma estrutura química que inclui um anel de catecol), incluindo dopamina, norepinefrina e epinefrina. Acredita-se que o excesso de dopamina esteja relacionado aos efeitos eufóricos, enquanto a inundação de sinapses com norepinefrina deixa a pessoa mais alerta, e o aumento da adrenalina contribui para efeitos periféricos como a estimulação da frequência cardíaca e da pressão sanguínea. O composto fenetilina, "comercializado" com o nome Captagon, tem um perfil farmacológico ligeiramente distinto. A droga foi sintetizada na Alemanha nos anos 1960 e é uma combinação de nossa velha amiga anfetamina com a teofilina, o estimulante natural encontrado no chá. Até recentemente, não estava claro o que ocorria na ação do Captagon, mas os pesquisadores agora determinaram que o perfil farmacológico e comportamental da droga resulta de uma sinergia funcional entre teofilina e anfetamina.[1] A adição de teofilina aumenta os efeitos da anfetamina. Os pesquisadores usaram um método novo e inteligente para provar isso, empregando anticorpos contra diferentes aspectos da substância química original, bem como de seus derivados, e um dos benefícios colaterais dessa pesquisa pode ser uma vacina contra a droga. Como os anticorpos são tão específicos, essa formulação tornaria o Captagon irelevante, mas provavelmente precipitaria o desenvolvimento de drogas clandestinas, pois não faria nada para diminuir a demanda por estimulantes em geral.

Uma vacina, porém, pode ser útil porque existe um enorme mercado negro para o Captagon. É enorme o consumo dessa droga, em particular (por enquanto) em todo o Oriente Médio, onde é popular entre os estudantes universitários, e cerca de 40% dos usuários ficam viciados. A Síria, um importante produtor da droga, tem dois grandes interesses nisso. Primeiro, porque a droga dá aos militantes energia física, deixa em alerta o sistema nervoso e, acredita-se, exacerba o sentimento de confiança, efeitos úteis para a guerra. Soldados entrevistados em um documentário árabe da BBC disseram: "Senti que era dono do mundo" e "Não havia mais medo depois de tomar Captagon". O outro benefício é que as vendas ajudam a financiar tais guerras.

## Me Leva Embora Daqui

Fenciclidina e cetamina são dois exemplos da classe de drogas conhecida como anestésicos dissociativos. A fenciclidina tem por apelido o familiar PCP ou "pó de anjo", e a cetamina tem sido "comercializada" como Special K, Kit Kat ou cat Valium. O PCP foi desenvolvido como um agente anestésico com menor risco de overdose do que os barbitúricos. Parecia relativamente seguro no início, mas logo ficou óbvio que não produzia o estado profundo de inconsciência relaxada resultante da anestesia típica (por barbitúricos). Embora os usuários não estivessem responsivos e a respiração parecesse normal, também estavam em um estado estranho, absorto ou catatônico. Além disso, seus músculos não estavam distendidos como seria natural quando sob a ação de um hipnótico-sedativo, parecendo tonificados como se as pessoas estivessem acordadas, apesar dos olhos abertos, mas vazios. A droga foi usada clinicamente por alguns anos, e ainda que tivesse um índice terapêutico [medida da segurança relativa de um medicamento ante sua toxicidade] muito mais alto do que os anestésicos clássicos, refletindo um risco muito baixo de overdose, relatos de problemas começaram a se avolumar. Alguns pacientes ficaram agitados na mesa cirúrgica; outros permaneceram quietos mas ao acordar apresentaram reações pós-operatórias como visão turva, alucinações, vertigens ou comportamento agressivo. O uso clínico da droga foi abandonado em 1965, mas ela encontrou o caminho para as ruas rapidamente. Enquanto isso, os químicos Parke e Davis produziram muitos análogos na esperança de encontrar algo com menor duração e menor potencial de delírio. Uma dessas alternativas mais seguras foi a cetamina, que se tornou um anestésico de sucesso e ainda é bastante usada em humanos, em especial durante cirurgias pediátricas e geriátricas, nas quais o risco de sobredosagem de barbitúricos é maior, ou quando não há tempo para administrar e monitorar barbitúricos, como em um campo de batalha. A cetamina também é largamente utilizada em clínicas veterinárias, sendo comercializada com as marcas Ketaset, Ketalar e Vetalar.

Uma das maneiras de avaliar a anestesia, ou inconsciência, é observar a atividade neural usando um eletroencefalograma (EEG). Ondas de alta frequência, como águas muito agitadas, indicam excitação, mas à medida que entramos em um estado de relaxamento, e em seguida em estágios cada vez mais profundos do sono, as ondas no EEG tornam-se mais lentas — lembrando as grandes ondas que tanto atraem os surfistas. Isso acontece quando a atividade dos neurônios fica mais e mais síncrona, impulsionada não mais pelo que está acontecendo em nosso ambiente, mas por estruturas subcorticais profundas que estabelecem seu próprio ritmo. O padrão peculiar de EEG gerado sob o efeito dessas drogas parece uma mistura de formatos complexos de ondas, sugerindo aos pesquisadores uma dissociação dos sistemas sensorial e límbico, ou sensações e sentimentos. De fato, o traçado do EEG reflete o nome da classe — anestésicos dissociativos. Funcionam produzindo um estado de separação entre as sensações e o "eu". Além dessa percepção de distanciamento, às vezes acompanhada de uma impressão de deixar o corpo, as drogas produzem amnésia, então o que acontece sob sua influência é perdido da memória consciente.

Depois de abandonado pelo meio clínico, o PCP, surpreendentemente, foi adotado por militantes da contracultura, pessoas contrárias às guerras, tendo sido apelidado de Pílula da Paz. Essa reputação não durou muito, e em poucos anos a droga se espalhou pelo país, conhecida principalmente como pó de anjo. Em 1965, o uso ilícito atingiu proporções epidêmicas, de tal forma que em algumas cidades, incluindo Washington, D.C., houve mais internações psiquiátricas causadas por reações tóxicas ao PCP do que devido ao abuso de álcool e à esquizofrenia juntos. Valer-se da esquizofrenia como base de comparação não é algo de todo infundado, pois para os funcionários do hospital os efeitos de muito "pó" pareciam semelhantes a alguns sintomas desse distúrbio: alucinações, percepções distorcidas da forma, tamanho ou material do corpo (por exemplo, sentir como se o próprio corpo fosse feito de borracha ou plástico) e perda da noção de tempo. Além disso, ao menos alguns dos efeitos do PCP se devem ao aumento dos níveis do neurotransmissor glutamato, e o excesso de glutamato também tem sido implicado na esquizofrenia. Não dá para dizer que os efeitos que acabamos de descrever sejam especialmente agradáveis, mas há outras mudanças cognitivas que os usuários parecem gostar mais, inclusive ter vislumbres significativos ou visões de seres sobrenaturais, ainda que essas experiências sejam vagas, para dizer o mínimo.

Essas drogas bloqueiam o fluxo de íons através de um dos receptores de glutamato, conhecido como receptor de NMDA. Os receptores NMDA são fartamente distribuídos por todo o cérebro e desempenham papel crítico em muitas funções, incluindo cognição e formação de memória. Além disso, como na maioria dos casos, conectar efeitos psicológicos com ações neurais não é totalmente descomplicado. Enquanto algumas sensações prazerosas podem surgir por meio de ações diretas na sinalização do glutamato, há ampla evidência de que a droga também estimula, e de maneira potente, os neurônios dopaminérgicos mesolímbicos: os níveis de dopamina aumentam no núcleo accumbens após a administração sistêmica, os voluntários não habituados às drogas parecem gostar e desejam mais, e havendo oportunidade, os animais de um experimento de pronto autoadministrarão essas drogas. Nestes experimentos, como é possível imaginar, há muita estranheza, pois os sujeitos perdem a capacidade de controlar sua posição corporal. Contudo, a maioria consegue se escorar e de alguma forma acionar a alavanca que vai disponibilizar a droga.

Embora nenhuma dessas drogas seja muito popular, a cetamina tem um grupo comprometido de usuários recreativos. Infelizmente para eles, o uso crônico faz mal ao cérebro. Refletindo o papel onipresente da sinalização do glutamato, uma variedade de efeitos negativos é evidente em usuários regulares — confirmados por pesquisas paralelas em outros animais —, incluindo problemas de incontinência, deficit cognitivo, anormalidades flagrantes na estrutura cerebral, deficit na sinalização da dopamina e perda de sinapses de dopamina e glutamato. Como essas drogas ainda têm uso clínico, existe certa preocupação, sobretudo em relação à anestesia pediátrica, de que elas podem estar alterando a estrutura e a função do cérebro, ainda que os estudos em humanos ainda sejam inconclusivos.[2]

É provável que muitas pessoas tenham involuntariamente uma droga similar em suas caixinhas de remédios. O dextrometorfano é um supressor da tosse encontrado em muitas formulações "DM". No mercado há muitos anos, a princípio em forma de pílula, essa droga era fácil de ser consumida de forma abusiva; as empresas farmacêuticas então decidiram colocar o DM em xarope, pensando que ter que engolir o conteúdo de garrafas inteiras de uma só vez dissuadiria o abuso. Alcançar os efeitos desejados de equilíbrio, euforia e alucinações visuais exige dos usuários uma dose 20 vezes superior à normal. Não é de surpreender que engolir o doce e pegajoso fluido seja um preço pequeno a pagar por alguns adolescentes bastante motivados. No entanto, o xarope para tosse contém mais do que a droga de escolha, e os usuários podem também estar consumindo doses enormes de expectorantes ou anti-histamínicos, ambos com efeitos colaterais indesejados. Para combater isso, empresários encontraram uma maneira de extrair a substância do xarope para tosse e oferecê-la para revenda, muitas vezes na internet. Entre 2000 e 2010, o abuso do DM mais do que dobrou, e embora ainda não seja controlado, o DEA o classificou como uma droga preocupante.

## Um Arbusto Bom

Por volta de 900 espécies de arbustos semelhantes à hortelã compõem o numeroso gênero *Salvia*. Esse nome vem de uma palavra latina que significa "curar". Existem 3 ramos principais de *Salvia*: o maior é encontrado na América Central e na América do Sul, com aproximadamente cem espécies; outro, na Ásia central e no Mediterrâneo, com cerca de metade desse número; e um no leste da Ásia que engloba em torno de 100 espécies. Dada essa incrível diversidade, talvez não surpreenda que ao menos uma espécie tenha propriedades psicoativas.

A *Salvia divinorum* é um pequeno arbusto perene, originário do estado de Oaxaca, no sul do México. O uso indígena envolvia misturar sucos extraídos das folhas, esmagá-los com água para fazer um chá ou mastigar e engolir um grande número de folhas frescas. Qualquer um desses métodos faz com que os efeitos aconteçam mais lentamente do que fumar, em geral dentro de um período de 10 a 20 minutos, mas a experiência também dura mais, de cerca de 30 minutos a uma hora e meia. O tabagismo é o método preferido para a maioria dos usuários recreativos porque proporciona um ritmo muito mais rápido, mais intenso (porém mais curto), em geral começando em um minuto e atingindo um pico de 5 a 10 minutos antes de diminuir aos poucos. Os efeitos alucinógenos incluem risadas incontroláveis, visões vívidas e rapidamente mutáveis, incluindo formas móveis abstratas, experiências "fora do corpo", sinestesia, mistura de sentidos e noção variável do "eu".

Apesar de os efeitos parecerem um pouco com os psicodélicos clássicos, uma pesquisa com pessoas aptas a comparar as duas classes de drogas descobriu que menos de 18% descreviam os efeitos como semelhantes.[3] O princípio ativo principal da planta de sálvia é a salvinorina A, e esse composto tem um perfil farmacológico exclusivo que ainda intriga os cientistas. A salvinorina A é o alucinógeno natural mais potente descoberto até agora (fora o LSD, que é sintético).

A salvia tem sido utilizada há muito tempo em rituais religiosos do povo Mazateca. Parece uma incrível coincidência que essa planta tenha crescido na mesma área e sido usada pela mesma comunidade que praticava medicina espiritual com cogumelos contendo psilocibina. A sálvia também era usada pelos Mazatecas para vários fins medicinais, como tratar diarreia, dores de cabeça e reumatismo.

Mesmo sendo um alucinógeno potente, o princípio ativo da *Salvia divinorum*, a salvinorina A, não está ao lado de outros psicodélicos da minha taxonomia, em virtude do mecanismo de ação da droga ser totalmente distinto. Os farmacologistas estão no mínimo tão entusiasmados com o composto salvinorina A quanto os usuários recreativos. Até sua caracterização, não era conhecida nenhuma outra molécula com um perfil similar de estrutura funcional, abrindo assim um novo caminho de pesquisa. A salvinorina A é um agonista de opioide kappa de ocorrência natural, potente e seletivo. Os receptores kappa são um dos receptores opioides canônicos, frequentemente mais bem avaliados pelos efeitos antiopioides. Os receptores kappa não interagem bem com a morfina ou outros narcóticos, e acredita-se que a ativação dos receptores kappa produz um estado disfórico. Por exemplo, a ativação kappa tem sido implicada nas sensações miseráveis associadas à abstinência de álcool.[4] A salvinorina A não tem nenhuma das outras atividades conhecidas em outros 50 receptores, transportadores e canais iônicos, incluindo o receptor da serotonina 2A — o principal local de atividade de psicodélicos clássicos como LSD e psilocibina.[5] Por enquanto, um mistério.

Outro aspecto que diferencia a salvinorina A dos psicodélicos é que ela parece ser responsável pela dependência por abuso. Embora os relatórios iniciais sugerissem que a droga diminuía os níveis de dopamina no accumbens e produzia um estado de aversão, isso não se caracterizou em doses muito mais altas do que os usuários recreativos buscam e obtêm.[6] Em uma avaliação mais recente e abrangente dos efeitos reforçadores da droga em ratos, usando doses análogas às dos usuários humanos (por exemplo, 0,1 a 10 microgramas por quilo de peso corporal), descobriu-se exatamente o oposto: os animais se esforçarão para obter a droga, formam associações positivas com contextos nos quais a droga é administrada e, de maneira bem convincente, a salvinorina A aumenta os níveis de dopamina no núcleo accumbens.[7]

Essa farmacologia singular — isto é, ativar receptores de opioides kappa e aumentar a dopamina mesolímbica — não é bem compreendida. Portanto, embora ainda não tenhamos informações sobre os efeitos do uso recorrente, e em particular qual adaptação pode ocorrer nos receptores de opioides kappa ou em outros locais compensatórios, a salvinorina A parece ser uma droga que pode levar à dependência. Atualmente, a sálvia não fere a legislação federal dos Estados Unidos, mas o DEA a classifica como preocupante, e em cerca de metade dos estados, bem como em certos países, há leis proibindo sua venda e uso.

## Cozinhar

Tive uma amiga, Laurie, que estava limpa há alguns anos quando ligou para me dizer que havia encontrado um ótimo produto chamado Spice. Animada, disse que era natural. (Por que algumas pessoas acham que isso significa segurança? Antraz, mercúrio, radônio e cerca de um zilhão de outros compostos tóxicos são naturais!) De acordo com tudo o que ela pôde verificar na embalagem do produto e em uma pesquisa rápida na internet, o Spice era mesmo inofensivo. Laurie estava particularmente confiante na segurança do produto porque podia ser comprado com muita facilidade — na maioria dos postos de gasolina. Para resumir, ela por fim acabou no hospital, incoerente e com a fala arrastada, sendo forçada a reconhecer como verdadeiro o chavão de que "não existe almoço grátis".

O Spice é um material vegetal moído combinado com canabinoides sintéticos que funcionam imitando o THC. Essa mistura surgiu no início do século XXI como uma forma "legal" de maconha, vendida sob o nome K2 e/ou Spice. Como os sais de banho, o Spice com frequência é rotulado como "Para consumo não humano" e disfarçado de incenso. Com isso, só no final de 2008 os produtos Spice foram investigados por suas propriedades psicoativas pelo Centro Europeu de Monitoramento de Drogas e Toxicodependência, e alguns anos depois chamaram a atenção do DEA após ocorrer um enorme pico de uso e em função de relatórios de toxicidade. Como os produtos químicos usados no Spice têm um alto potencial de abuso e nenhum benefício médico, o DEA tornou ilegais muitos das substâncias nele contidos.

No entanto, o desenvolvimento de novos canabinoides sintéticos esteve sempre um passo adiante da legislação e continua a se diversificar mais rapidamente do que a aprovação das leis e que o desenvolvimento das técnicas forenses para detecção. Múltiplas classes estruturais de canabinoides sintéticos foram desenvolvidas, incluindo pelo menos 150 compostos únicos. Além de escapar das leis reguladoras, os usuários individuais apreciam esses compostos porque em geral são capazes de evitar a detecção em testes padronizados de drogas — um benefício particular para militares ou pessoas sujeitas a exames de urina pelo sistema legal ou pelos empregadores. Assim como a maconha, os efeitos são variáveis: alguns usuários relatam ansiedade, outros relaxam, alguns têm alucinações ou paranoia, outros não. Em geral, porém, as sensações são mais intensas do que as associadas à maconha, pois as versões sintéticas do THC costumam ser agonistas muito mais potentes no receptor $CB_1$.

Os riscos também parecem maiores. Inúmeros estudos de casos clínicos documentam uma toxicidade marcadamente maior após um uso agudo de Spice em comparação à observada na maconha, comprometendo os sistemas gastrointestinais, neurológicos, cardiovasculares e renais. Esses efeitos foram revisados há pouco tempo por Paul Prather e colegas.[8] A maioria dos relatos é alarmante: a acentuada toxicidade do Spice pode resultar em morte, provavelmente devido a seus fortes efeitos, que favorecem a ocorrência de convulsões.

Outra área importante de preocupação tem a ver com a associação entre canabinoides e psicose. Há uma correlação positiva bem estabelecida entre a exposição à maconha ou outros canabinoides naturais e o diagnóstico de esquizofrenia. O consenso é que os canabinoides não são os causadores do distúrbio, mas podem desmascarar uma vulnerabilidade latente, pondo a nu sintomas esquizofrênicos que, de outra forma, poderiam ter permanecido abaixo do limiar de detecção. Em contraste com modelos anteriores da doença, os pesquisadores agora a veem como expressão de vários fatores interativos e complexos, da mesma forma que vemos os vícios. Segundo essa visão, tudo pode influenciar o risco, incluindo uma predisposição biológica, mas também viver sob condições estressantes e, ao que parece, a ativação excessiva da sinalização do $CB_1$. A rápida acumulação de relatos de psicose aguda e duradoura provocada pelo uso de canabinoides sintéticos está despertando forte preocupação. O uso agudo de Spice pode causar sintomas de paranoia semelhantes à psicose, comportamento desorganizado ou violento, alucinações visuais e auditivas e pensamentos suicidas, que parecem persistir por muito mais tempo do que os efeitos de canabinoides mais típicos. Curiosamente, muitos desses efeitos são vistos em usuários isentos de outros riscos evidentes para psicose e esquizofrenia. As drogas são tão novas que a evidência de uma relação causal entre o uso de Spice e a psicose é dificultada pelo fato de a literatura consistir por completo em relatos de casos.

Quase todos os canabinoides sintéticos estudados até hoje se ligam com mais força aos receptores $CB_1$ do que ao THC. Essa potência aumentada é naturalmente associada a tolerância, dependência e abstinência mais acentuadas, causadas por uma queda drástica no número de receptores $CB_1$ funcionais. Em situações assim, os usuários podem esperar uma tolerância cruzada profunda, significando que fumar maconha seria tão eficaz quanto fumar a grama do quintal. Pode ser que tenha sido esse o caso ou que tenham ocorrido efeitos adversos, pois as taxas de uso do Spice parecem ter chegado ao ápice. De acordo com o Instituto Nacional sobre Abuso de Drogas, o uso relatado entre os alunos do 4º ano do ensino médio nos Estados Unidos caiu de 11,4% em 2011 para 3,5% em 2016.

## Reduzindo o Escopo

O GHB (gama-hidroxibutirato; comercializado como Xyrem) é um depressor do sistema nervoso central e também um metabólito do neurotransmissor inibitório GABA. Portanto, é produzido naturalmente no cérebro, embora em pequenas quantidades, muito menores do que as utilizadas por usuários recreativos. Desenvolvido em laboratório em 1964, o GHB destinava-se a fins anestésicos, tendo sido testado também como analgésico, mas não foi utilizado por empresas farmacêuticas na época devido à alta incidência de convulsões e vômitos. A droga mais ou menos que desapareceu até os anos 1980, quando passou a ser comercializada como suplemento para promover o crescimento muscular de atletas e fisiculturistas. Porém, em 1990, havia tantos relatos de toxicidade relacionada ao GHB que o FDA declarou a droga insegura e baniu as vendas sem receita médica. Em 2000, foi listado na Tabela I e, em 2003, classificado como uma droga Classe C sob a Lei de Uso Indevido de Drogas (1971) no Reino Unido; agora é controlado em todos os estados membros da UE. Mas o uso do GHB continuou crescendo, especialmente como uma "droga de balada", junto com a cetamina e o Rohypnol (flunitrazepam; uma benzodiazepina que também causa profundos efeitos amnésicos). Essas drogas são populares entre grupos de pessoas que se reúnem para dançar, pois seus efeitos são semelhantes aos produzidos pelo álcool, mas sem a ressaca. Pesquisas realizadas no Reino Unido em um grupo autosselecionado de 3.873 frequentadores de baladas sugeriram taxas de 15% a 20% no uso, mas o percentual geral é muito menor. Em uma pesquisa da Escola Europeia realizada em 25 países europeus em 2003, apenas 0,5% a 1,4% dos jovens de 15 a 16 anos relataram já ter usado o GHB.

Cerca de 20 minutos após a administração, usualmente oral, o usuário do GHB experimenta diversos efeitos que dependem da dosagem, humor e circunstâncias específicas. No lado positivo, os usuários em geral experimentam um aumento de energia, resistência e sensualidade. Sentem-se eufóricos, felizes, relaxados e sexualmente aprimorados. No lado negativo, as experiências mais comuns são a perda de coordenação muscular, dores de cabeça, náuseas, sonolência, dificuldade de concentração, amnésia, tontura, respiração difícil e vômito. Em altas doses, o uso de GHB pode resultar em sedação, diminuição da frequência cardíaca, perda de autocontrole, fala arrastada, convulsões, incapacidade de se mover, coma e até morte. O GHB alto normalmente se estende por até quatro horas, mas pode ser prolongado quando usado com outras drogas similares.

Muito do efeito comportamental do GHB parece ser proveniente de sua ação nos receptores $GABA_B$. Estruturalmente, esses receptores são muito diferentes dos receptores $GABA_A$, e ainda não estamos certos de como as interações do GHB com o receptor levam a efeitos comportamentais. A droga também tem consequências sobre a sinalização da dopamina, bem como outros neurotransmissores, incluindo serotonina e norepinefrina.

O uso prolongado leva ao desenvolvimento de tolerância e dependência. Essa dependência pode ser tão profunda que alguns usuários consomem a droga a cada duas horas, todos os dias, para evitar sintomas de abstinência.[9] As características clínicas da retirada do GHB são semelhantes às observadas com relação ao etanol e/ou benzodiazepinas, exceto por começarem mais cedo, normalmente em algumas horas da última dose e são muito severas na marca de 24 horas, um reflexo do fato de que a droga é metabolizada com rapidez. As características mais comuns de abstinência incluem tremor, batimento cardíaco irregular, ansiedade e agitação, alucinações, delírio, sudorese, hipertensão e confusão mental. Embora as convulsões pareçam ser menos comuns do que na abstinência de etanol, delírios, agitação e outros sinais neuropsiquiátricos parecem ser mais comuns e acentuados em pacientes que se afastam do GHB. A dependência do GHB é melhor tratada com benzodiazepinas em altas doses, ou barbitúricos para os que são tolerantes às benzodiazepinas.

Por fim, encontrou-se um uso médico para a droga, mas houve controvérsias quanto à sua aprovação, uma vez que já estava classificada, e ainda está, na Tabela I. Seja como for, foi aprovada pelo FDA em 2002 para uso no tratamento da narcolepsia (um distúrbio do sono). O GHB se constitui em um tratamento bem-sucedido para esses pacientes, que não conseguem conciliar o sono durante a noite, apresentam sonolência diurna excessiva e sofrem de cataplexia — perda súbita de controle muscular em geral desencadeada por uma forte emoção, como raiva ou frustração. Esses três sintomas são significativamente reduzidos pelo GHB. Para obter aprovação, a empresa teve que concordar com um programa exclusivo de gerenciamento de risco chamado Xyrem Success Program, projetado para garantir que o medicamento seria usado apenas por pacientes narcolépticos e não desviado para outras pessoas. O FDA mantém e monitora um registro de pacientes, e somente para estes o DEA a considera uma droga da Classe III, o que significa que pode ser prescrita para uso contínuo desde que um número DEA seja colocado na receita. Para evitar o uso indevido, uma farmácia central distribui o medicamento e exige um formulário de prescrição específico para verificar a familiaridade do médico com o medicamento.

## Desesperado para Valer

O abuso de inalantes continua sendo a forma menos estudada de abuso de substâncias e se refere à inalação intencional de vapores de produtos comerciais ou agentes químicos específicos para atingir a intoxicação. Os inalantes são uma classe diversificada de substâncias, em geral encontradas com facilidade no ambiente cotidiano, e mais comumente utilizadas por pessoas incapazes de obter drogas alternativas, seja pelo maior preço, seja por maior dificuldade de acesso. Existem centenas dessas substâncias. Produtos comercializados, contendo agentes químicos, isoladamente ou combinados, que podem produzir intoxicação se inalados.[10]

Solventes, como removedor de esmalte, cola, tinta de canetas e marcadores, gasolina, graxa para sapatos e diluentes são fáceis de obter e baratos. Os aerossóis de latas de spray são outra fonte, como os usados para armazenar óleos vegetais para cozinhar, desodorantes e tintas em spray. Gases, incluindo propano, isqueiros de butano e o sempre popular óxido nitroso, proporcionam ainda mais oportunidades para inalações. Todas essas drogas produzem efeitos eufóricos. Nitritos, como o nitrito de amila (poppers) e o nitrito de butila também são inalados, mas seu uso visa sobretudo aumentar a excitação sexual — quase como um Viagra, porém mais breve — relaxando os músculos e dilatando os vasos sanguíneos. Os efeitos acontecem logo e são de curta duração, embora alguns indivíduos que usam de modo abusivo se autoadministrem inalantes repetidamente para manter um nível preferido de intoxicação.[11] Experimentar essas drogas é muito comum; a maioria dos usuários de inalantes começa quando criança e logo interrompe o uso; o pico ocorre na pré-adolescência e tende a cair durante a adolescência. Ainda que esse não seja o caso de todos e o abuso recorrente de inalantes seja uma preocupação séria, o maior perigo é que os usuários correm maior risco de se envolver com o uso de outras substâncias nocivas.[12]

O abuso de inalantes é um fenômeno mundial, entretanto, é muito mais comum entre pobres e desabrigados, incluindo especialmente crianças que trabalham ou vivem nas ruas. Como esses produtos químicos são comuns e muitas vezes gratuitos, têm grande apelo para pessoas que se sentem impotentes e buscam uma maneira de escapar de uma dura realidade. Em algumas comunidades mais pobres o uso pode ser muito maior. Por exemplo, em São Paulo, no Brasil, quase 24% dos jovens de 9 a 18 anos que vivem na pobreza experimentaram inalantes, e mais de 60% dos jovens usaram inalantes em várias comunidades nos EUA e no Canadá.

Além do fácil acesso, essas drogas são atraentes pela brevidade da ação e o rápido alcance do efeito desejado. Tudo é muito veloz: os inalantes absorvidos pelos pulmões passam para a corrente sanguínea e penetram no cérebro, onde deprimem a função do SNC — às vezes aumentando a atividade inibitória nos receptores $GABA_A$ e às vezes inibindo a atividade excitatória nas vias do glutamato ou da acetilcolina. Há também efeitos gerais sobre as correntes elétricas por ações diretas mal compreendidas nos canais iônicos. Os efeitos dos inalantes são semelhantes aos de ficar embriagado, mas algumas pessoas relatam sentir algo parecido com alucinações. Uma síndrome de morte súbita pode ocorrer, porém o mais comum é que esses compostos danifiquem fígado, rins, pulmões e ossos, além do cérebro. O uso repetido tem sido associado ao comprometimento cognitivo, provavelmente devido à degeneração das vias neurais, pois os axônios que conduzem informações em todo o cérebro perdem a função, e talvez levem ao envenenamento causado por cheirar gasolina. Há também evidências de disfunção cerebelar e danos aos nervos periféricos, efeitos que podem comprometer o movimento. A morte também pode ocorrer por ataque cardíaco, engasgo com vômito depois de cair inconsciente ou outras lesões, como sufocar em sacos plásticos. Como o álcool, os inalantes podem causar consequências graves nos fetos em desenvolvimento, incluindo deficit cognitivo severo e permanente.

## Resumindo

Muitas das drogas sintéticas são lícitas, passando por comissões regulamentadoras, muitas vezes como análogos próximos de outras substâncias controladas ou ilegais. Em 1986, no mesmo ano em que fiquei limpa, foi aprovada uma lei — Federal Analogue Act — para ajudar a lidar com a inundação de drogas sintéticas provenientes de químicos de fundo de quintal ou fornecedores estrangeiros que esperavam explorar e compartilhar os benefícios de compostos conhecidos fazendo pequenas modificações e promover e comercializar as substâncias como algo novo. Antes de 1986, cada novo composto precisava ter sua estrutura completamente caracterizada para que fosse considerado ilegal, de modo que os produtores corriam para desenvolver variantes de compostos ilegais que retivessem (ou melhorassem) as propriedades psicoativas antes que as comissões federais pudessem proibi-los. No final dos anos 1980, no entanto, era muito difícil agir dessa maneira, e compostos com estruturas "substancialmente similares" a outras substâncias do Anexo I ou II foram tornados ilegais por analogia. A necessidade dessa lei era tão óbvia, até para o Congresso, que foi apresentada, aprovada por ambas as casas e assinada pelo presidente dos Estados Unidos (Reagan) em menos de dois meses. Porém, como quase todas as tentativas legais de controlar o impulso de usar drogas, não produziu quase nenhum efeito.

# 10
+ + +

## Por Que Eu?

> Toda vez que respiro quando estou limpo,
> Me sinto como um peixe fora d'água.
>
> —Narcóticos Anônimos

### Quatro ou Cinco Razões

Quando passei a considerar a mais cabal das escolhas (*nunca* mais?), a questão que emergia de modo tão inescapável quanto antecipar uma fungada de cocaína era: "Por que eu?" Parecia haver um bocado de razões para que eu não pudesse ser uma daquelas pessoas incapazes de controlar o uso. Achava que era mais inteligente... ou mais resoluta... ou mais merecedora. Além disso, estava apenas começando, e era muito jovem para ter um hábito. Meus pretextos desesperados eram como os de milhões de outras tantas pessoas determinadas a não ser como um pai ou uma mãe bêbados ou um pedinte nômade; nenhum de nós achava que isso pudesse acontecer um dia.

Nos questionários que se propunham a ajudar a fazer um autodiagnóstico havia perguntas como "Você bebe mais do que queria beber?" ou "É comum você tomar mais de quatro ou cinco drinques por dia?" (quanto a esta, conheci várias pessoas que respondiam que não e depois admitiam misturar bebidas no copo), ou ainda "O álcool lhe causou problemas em casa ou no trabalho?" A imprecisão e subjetividade de perguntas desse tipo comprometem seus objetivos, em especial porque um dos clássicos sintomas dos adictos é a negação. Quase que por definição, estamos mais inclinados a pensar em nosso uso mais como solução do que como causa de nossos problemas. Claro, algumas vezes eu me enquadrava nesses critérios, mas minha capacidade de enganar professores, médicos e agentes da lei era proveniente da capacidade de enganar a mim mesma.

Não é incomum colocar a culpa no destino, sobretudo quando confrontado com um diagnóstico fatal, mas os pensamentos e sentimentos que experimentei tinham aquela marca bem particular de alguém que é coautor de seus dilemas; a dissonância cognitiva é peça importante do mecanismo da negação. Isso significa que quando comportamento e cognição estão em desacordo, a solução está em mudar nosso modo de pensar: por que eu faria mal a mim mesma (uma vez que isso não faz sentido)? Não preciso fazer mal a mim mesma.

Mas por fim, quando nada mais restava do que enfrentar a verdade, me senti traída, com raiva e envergonhada. Parecia extremamente injusto que eu, que amava aquelas substâncias que alteravam o estado de consciência, mais que qualquer coisa ou pessoa, tivesse que passar por isso! E por que ter que enfrentar um ultimato tão brutal, justo eu, tão jovem, tão distante dos 40 e tantos anos? Pelo menos em idade tão madura, eu raciocinava, ficar sóbria não devia ser um fardo tão terrível assim. Porém, conforme fui me dando conta de que não usava drogas tanto quanto elas me usavam, meus pensamentos se voltaram para encontrar uma solução.

Não era como se meu comportamento estivesse tão fora do padrão. Quase todos que eu conhecia usavam químicos. Por que as substâncias não tiraram o melhor deles? A garota que rejeitei na nona série, por exemplo, estava a caminho de ser bem-sucedida na carreira e ter uma vida familiar feliz na época em que me internei na reabilitação. Para mim, nós duas havíamos começado a caminhar pela mesma estrada, então, não parecia justo ser eu a que caíra em um fosso, enquanto ela descia o que parecia ser uma rua com o asfalto perfeito. Na verdade, o mundo parecia estar cheio de gente que podia fazer o que bem entendesse sem nenhum prejuízo. Minha família, amigos e colegas de trabalho, todos bebiam, e vários usaram outras drogas, mas de algum modo não acabaram se vendendo por um último trago, não empenharam as joias da família ou fizeram seu carro abraçar um poste. Ruas e casas noturnas mundo afora estão cheias de usuários se divertindo — alegres e só um pouco alterados. Como explicar o fato de que só uma pequena parte de nós prossegue nesse caminho que leva tão precocemente à sepultura?

Meu desejo de entender o porquê refletiu uma necessidade de explicar o que de alguma maneira parecia uma falha inexplicável de meu eu mais profundo. Dificilmente terei sido a única nessa busca. Milhões de pessoas no planeta querem compreender a confusão em que elas e seus entes queridos se meteram. Atualmente, centenas de cientistas dedicam suas carreiras a estudar o vício; terapeutas e professores de outras áreas se empenham em tratar a doença. A dor e sofrimento envolvidos são de tamanha ordem, e de tal profundidade, que a possibilidade de tratamento eficaz, quiçá de uma cura, é como o santo graal para grande parte da humanidade. O desafio é hoje o exato oposto da perspectiva moral que caracterizou o entendimento dessa questão no século passado. Naquela época, a convenção era que o vício resultava de uma fraqueza de caráter. Quando se perguntava por que aqueles como eu simplesmente não mostravam alguma disciplina ou moderação adotando escolhas mais racionais, parecia razoável concluir que deviam ser moralmente fracos. De forma previsível, na era do cérebro, o pêndulo se inclinou para o lado oposto: moralidade, caráter e responsabilidade estão sujeitos a controvérsia; adictos são vítimas de uma biologia anormal, e a "escolha" pode ela mesma ser uma ilusão. A boa notícia, nos diziam, é que a medicina logo encontrará a cura.

Mas por que eu? Após cerca de 30 anos, muito motivada em minha pesquisa, posso dizer que há quatro razões principais para que pessoas como eu desenvolvam o vício. Bem, na verdade cinco, mas vou deixar a mais lúgubre para o final. As quatro são estas: uma condição biológica herdada, exposição acentuada à droga, em particular durante a adolescência, e ambiente catalisador. Não é necessário que estejam todas juntas, porém, uma vez alcançado algum limite, é como uma fenda em uma represa — reconstruir é quase impossível. Assim, havendo exposição suficiente a uma droga viciante, qualquer um de nós desenvolverá as características do vício: tolerância, dependência e desejo compulsivo.

Contudo, se a predisposição biológica for muito alta, ou o uso se iniciar na adolescência, ou certos fatores de risco estiverem presentes, uma baixa exposição levará ao vício.

## Genética

O risco de dependência química por herança genética foi demonstrado em meados do século XX, embora as pessoas já tivessem reconhecido muito antes que o vício tende a ser recorrente em determinadas famílias. Mas falar esloveno também, e não é algo hereditário, então, como sabemos que há uma predisposição biológica? Há dois fatores principais que consubstanciam essa afirmação. O primeiro é que quanto mais DNA alguém compartilha com um adicto, maior é o risco. Irmãos compartilham 50% de seus DNAs, mas esse porcentual é de praticamente 100% em gêmeos idênticos, e eles são duas vezes mais propensos a ter históricos de dependência similares. Segundo, se o filho biológico de um indivíduo adicto é adotado imediatamente após o nascimento por uma família sem esse tipo de histórico, ele carrega consigo um risco elevado, da mesma forma, é claro, que os filhos não adotados de adictos ou alcoólatras, embora, é claro, estes também estejam sujeitos, além do risco biológico, a um ambiente mais arriscado.

Digamos que esse tipo de herança seja como um baralho: cartas vermelhas indicam ser maior a probabilidade de desenvolver um problema, e cartas pretas são os fatores de proteção; números altos e figuras têm maior influência do que números baixos. Todos recebem uma mão e o risco genético é refletido pelo balanço entre vermelhas e pretas e o valor das cartas. Isso pode não parecer complicado, mas omiti uma informação chave: sua "mão" contém milhares de cartas e várias delas são de pouca ou nenhuma relevância. E mais, os genes de proteção e de risco se combinam uns com os outros levando em conta aspectos da história familiar e do ambiente para conferir uma tendência. O problema pode ser comparado a encontrar uma agulha escondida em um de diversos palheiros. Ou como localizar um edifício sem nome em uma cidade desconhecida em um país que você não sabe ao certo qual seja.

Uma estratégia comum é começar com o que sabemos sobre a maneira pela qual as drogas interagem com o cérebro e trabalhar de trás para a frente. Essa abordagem "gene candidato" tem sugerido que genes codificados em processos associados a neurotransmissores de dopamina, acetilcolina, endorfina, GABA e serotonina podem estar ligados ao uso desordenado de drogas, porém, a questão é que mesmo quando se prova haver uma associação, isso não explica muita coisa sobre o risco herdado; os achados genéticos típicos dão conta de uma diminuta fração do diferencial de risco entre os indivíduos. Assim, por exemplo, algumas pessoas podem ter uma tendência à ansiedade ou ser naturalmente deficientes em endorfinas, e ambos os estados podem ser remediados bebendo. Aqueles com propensão a usar estimulantes podem, em parte, se sentir assim por estarem se automedicando de um deficit não diagnosticado ou subclínico em sua capacidade de concentração e atenção, derivado de alterações na transmissão de dopamina. Embora sejam plausíveis e existam algumas evidências para apoiá-las, essas hipóteses não abrangem a maioria dos transtornos provocados pelo uso de substâncias nem são capazes de prever o estado da doença de quaisquer indivíduos. Podem ser parte da explicação, mas de nenhum modo se aproximam de toda ela.

Informações herdadas parecem ser largamente veiculadas por nossos genes, que são sequências específicas de nucleotídeos (*a*denina, *t*imina, *g*uanina e *c*itosina) constituídos de ácidos desoxirribonucleicos, mais conhecidos como DNA. O código do DNA é usado para direcionar a síntese de proteínas, das quais somos feitos, de modo que determinada cadeia de DNA possa instruir a célula a formar músculos, cabelos ou a enzima que sintetiza a dopamina. A maior parte do DNA de cada indivíduo é idêntico ao de todos os outros humanos — todos fabricamos dopamina da mesma maneira, por enzimas específicas transformando o aminoácido tirosina —, mas um subconjunto de nossos genes é polimórfico, o que significa que existem em mais de uma forma. Muitos desses polimorfismos são substituições em um único nucleotídeo, semelhante à substituição de uma letra neste capítulo. Embora uma alteração tão pequena não pareça ter um efeito mensurável, mesmo uma única modificação de nucleotídeo em um gene pode resultar em uma pequena mudança estrutural do produto, alterando sua função. Outros polimorfismos são mais substanciais, como inserções ou retiradas de partes inteiras de DNA, mas a evolução impõe limites ao montante dessas diferenças, uma vez que mudanças em excesso costumam ser letais para um embrião. Nas últimas décadas, milhares de horas de pesquisa foram gastas tentando detectar as mais ínfimas modificações previsoras da suscetibilidade ao uso desordenado de drogas.

As coisas não correram tão bem quanto esperávamos, e ainda permanece desconhecido o que representa a grande maioria dos riscos inatos. Poucos genes têm sido confiavelmente associados à responsabilidade pela dependência, em parte porque, além de um polimorfismo em um gene que especifica um código para enzimas hepáticas que ajudam a metabolizar o álcool, não encontramos trechos de DNA que tenham grande impacto sobre o vício. Em vez de "genes para dependência", descobrimos dezenas de locais no genoma onde os polimorfismos se combinam e interagem para influenciar o risco, e cada variação na sequência pode explicar nada mais que uma fração muito pequena (normalmente, menos de 1%) da responsabilidade herdada do transportador. E não há nenhuma prova cabal, nenhuma variação de sequência presente em todos os viciados mas não em usuários sociais. Em outras palavras, se você pegar mil adictos crônicos e mil "normais" e comparar o DNA deles — e isso foi feito repetidas vezes, pode acreditar —, não há diferenças cruciais: a maior parte do DNA é idêntica, e mesmo quando temos sorte e descobrimos que uma sequência particular é mais comum em um grupo do que no outro, isso ocorre no outro grupo também. Nesse caso, a variação é simplesmente apresentada em uma frequência mais alta em adictos ou "normais", e esse padrão não permite prever o resultado em um indivíduo. Além disso, uma cadeia particular de DNA pode estar presente em apenas um subconjunto daqueles que possuem o que parece ser o mesmo distúrbio — por exemplo, um vício em estimulantes. Tais realidades dificultam muito identificar genes influentes.

Às vezes, porém, estudos que comparam genomas de viciados com os daqueles que não lutam contra esse mal produzem "êxitos" que levantam novas hipóteses. Isso é legal porque tais descobertas ajudam a entender melhor como o cérebro funciona, mas não são tão fantásticas assim porque tendem a gerar mais perguntas do que respostas. Essas sequências — não raras vezes distante dos genes que parecem relacionados aos processos principais de dependência — podem nos tornar mais ou menos propensos a responder ao nosso ambiente de maneiras específicas, e isso adiciona outra camada de complexidade, como se o lugar da "casa" do culpado que estamos esperando localizar dependa de determinadas condições, como o clima ou a hora do dia. Toda a influência genética, já aprendemos, é dependente do contexto e incrivelmente complexa.

## Epigenética

Mente aberta e humildade são atributos necessários a qualquer bom cientista, e como Carl Sagan observou, "na ciência, é frequente os cientistas dizerem 'minha posição está errada', e então eles... realmente mudam de ideia".[1] Foi preciso clonar nosso genoma, mas ainda assim, na maioria das vezes, sem conseguir vincular os genes ao comportamento aditivo, para que pudéssemos entender como nossa visão das unidades hereditárias tinha sido excessivamente simplista. Presumimos que quebrar o código genético resultaria em uma via bastante direta para prevenção e tratamento, mas na verdade muito pouco foi explicado, que dirá curado. Em parte isso pode se dever ao fato de que herdamos mais de uma sequência de DNA de nossos ancestrais: a dupla hélice de nucleotídeos em espiral carrega outro conjunto de instruções que também são transmitidas. Esse código consiste em modulações epigenéticas — no topo do DNA — que regulam a atividade do DNA e constituem uma memória celular das experiências de nossos ancestrais. Agora percebemos que modificações epigenéticas sobrepondo a sequência de nucleotídeos, junto com outras indicações da experiência na forma de coisas como micro RNAs (que bloqueiam o RNA, que é o mensageiro que leva as instruções do DNA), podem ter grande influência sobre quais genes são traduzidos em proteínas e quando. Alguns dos que pesquisam o vício acham que essas modificações transgeracionais podem explicar a "herança que falta" — isto é, a assinatura genética subjacente à conhecida hereditariedade das doenças viciantes.

O campo relativamente novo da epigenética está apenas começando suas atividades, mas acredita-se que algumas das experiências de nossos pais e avós estejam impressas em nossas células, a fim de nos adaptar a condições semelhantes. Eis aí uma boa ideia do ponto de vista biológico, pois o melhor indicador do futuro geralmente é o passado, e adaptar-se bem às nossas condições é um exemplo primário de adaptação biológica. Por exemplo, Rachel Yehuda e seus colegas obtiveram dados sugerindo que filhos de sobreviventes do Holocausto podem ter modificações epigenéticas de seus pais que os tornam preparados para o estresse.[2] Outros demonstraram que os descendentes de famílias que padecem de fome herdam uma tendência à fraqueza metabólica que os predispõe à obesidade.[3] Como se, por excesso de cautela, nosso DNA estivesse preparado para ajudar alguns de nós a carregar um pouco mais de peso.

Estamos apenas começando a compreender de que modo as modificações herdadas da dupla hélice do DNA contribuem para traços complexos como o vício, e os dados estão se acumulando para sugerir que os fatores de risco podem ser transmitidos epigeneticamente. Quando pais potenciais fumam maconha, por exemplo, as mudanças epigenéticas podem estar preparando as gerações subsequentes para o vício. Como é óbvio, estudos longitudinais em humanos para identificar esses impactos transgeracionais apresentam desafios. Um dos maiores é que não se pode atribuir pessoas aleatoriamente a grupos de fumantes e não fumantes, pois é preciso levar em conta que aqueles propensos a fumar podem ter tendência a abusar de outros medicamentos também. (Esse, repito, foi o principal argumento apresentado pelas empresas de tabaco durante décadas: alegaram que era impossível dizer que fumar *causava* câncer e sugeriram, de maneira surpreendentemente direta, que aqueles que fumaram também estavam, por coincidência, propensos a metástases.)

Em um experimento utilizando animais não humanos para avaliar causa e efeito, ratos receberam oito exposições a uma dose moderada de THC a cada 3 dias durante um período de 21 dias durante a adolescência, enquanto um grupo-controle recebeu injeções de placebo seguindo esse mesmo esquema. Os ratos, a partir daí, cresceram livres de drogas e se reproduzindo — exclusivamente dentro de cada grupo. Quando os filhotes cresceram, aqueles cujos pais tinham sido inoculados com THC quando "adolescentes" mostraram aumento da autoadministração de opiáceos, bem como comportamentos associados à depressão e à ansiedade.[4] Em outras palavras, o experimento sugeriu que, se os pais usassem o THC antes de conceberem um filho, este nasceria com tendência maior de desenvolver um transtorno de humor ou um vício. Esses estudos ainda estão ganhando corpo, mas a robustez dos dados é surpreendente até para os cientistas. E, para variar um pouco, a culpa não está centrada apenas nas mães. As marcas epigenéticas pela linha paterna são pelo menos tão profundas quanto pela materna, o que se atribui a pequenos pedaços de RNA que se acumulam no epidídimo — que é mais ou menos a versão masculina da trompa de Falópio — e afetam os espermatozoides em sua viagem rumo ao óvulo. A acumulação rápida de evidências ao longo dessas linhas tem feito muitos cientistas pensarem que, como cultura, estamos envolvidos em um experimento gigantesco. Cada vez mais, parece que a exposição de nossos pais e avós a drogas causadoras de dependência nos predispõe a tomar drogas — efetivamente, um *processo b* atravessando gerações.

Impossível não é, mas parece improvável, tendo em vista o que sei de minha herança, que meu vício tenha resultado da experimentação de meus pais ou avós com a erva. Porém, é totalmente plausível que outros estressores tenham desempenhado um papel nisso. Talvez tenha sido o estresse que minha avó, quase adulta, passou quando saiu de casa para chegar de barco a Ellis Island, uma imigrante humilde que trabalhou como empregada doméstica antes de entrar em um casamento infeliz e criar os filhos sem muito apoio. Ou talvez tenham sido as bebedeiras pesadas de um avô, ou a tristeza de minha mãe com seu casamento solitário ou a crítica implacável que meu pai sofreu e depois passou para a frente. Qualquer um deles, ou todos, poderiam ter me influenciado rumo à solidão ou à alienação e me predisposto a encontrar uma maneira de fugir.

Este é o lado mais profundo da herança. A sequência de nucleotídeos em cada uma de nossas células reflete nossa longa evolução humana, bem como a história particular de nossas famílias, ambas incluindo casamentos e mutações, enquanto o epigenoma que paira acima disso "recorda" as experiências de nossos ancestrais, a estrada indicando onde as rodas passaram.

## Exposição Precoce

Deixando a epigenética de lado por um momento, há um extenso e sólido corpo de evidências comprovando que a exposição precoce à maconha provoca mudanças na estrutura cerebral de embriões, crianças e adolescentes, e que essas alterações podem ocasionar deficit cognitivo e comportamental. Há também boas evidências de que a exposição durante o desenvolvimento faz com que as pessoas, entre outras coisas, fiquem permanentemente menos sensíveis aos efeitos da droga, então, mais tarde, se houver uso abusivo, eles aumentarão a dosagem.[5] Indivíduos expostos antes de se tornarem conscientes ou de fazerem suas próprias escolhas estão sujeitos a se submeterem a cenários viciantes.

No caso de embriões ou crianças expostas a drogas indiretamente (por meio da placenta ou do fumo passivo, por exemplo), os efeitos são mais fáceis de analisar, mas quando se trata de adolescentes há na avaliação uma camada adicional de complexidade. O uso precoce predispõe a problemas subsequentes, ou aqueles que (talvez por razões genéticas) são mais propensos a experimentar quando jovens também são suscetíveis a se tornarem adultos que usam? Em outras palavras, a exposição precoce é causal ou correlacional? É meio louco, mas a resposta é sim: ambas são verdadeiras. A predisposição a buscar novas experiências, correr riscos ou evitar a dor, por exemplo, pode influenciar o comportamento ao longo da vida, mas agora também sabemos que começar cedo, antes que o cérebro amadureça, provoca mudanças neurais que encorajam o uso problemático na vida adulta. Chamamos isso de "efeito porta de entrada", e um apanhado crescente de documentos de pesquisa atestam que aumentou o consumo e o comportamento de busca de drogas em humanos e animais após exposição de adolescentes a substâncias, inclusive cannabis.[6] Tais modificações são semelhantes às induzidas pela exposição pré-natal e ocorrem basicamente pelo mesmo motivo.

Cérebros em processo de desenvolvimento estão — por definição — preparados para mudar. Sabe-se que crianças aprendem com mais facilidade do que adultos, cuja rigidez comportamental advém de uma redução relativa da plasticidade neural. Em comparação com os adultos, as crianças são mais flexíveis em termos comportamentais, e seus cérebros são muito mais maleáveis. A década que separa a puberdade e a maturação do cérebro é um período crítico de maior sensibilidade a estímulos internos e externos. Observe como o cérebro está integrado ao desenvolvimento social: ao entrar em contato com novas ideias e experiências, os adolescentes desenvolvem um senso de identidade pessoal a partir do qual se sucedem as importantes escolhas de vida. Uma explosão na religação neural está envolvida em cada passo do desenvolvimento, como afirmar gostos e desgostos, descobrir e nutrir talentos e tornar-se um indivíduo consciente separado dos pais. Dessa forma, as experiências na adolescência se concretizam em padrões duradouros no cérebro e no comportamento. O lado negativo disso é que quaisquer consequências neurobiológicas do uso de drogas são muito mais profundas e duradouras quando a exposição ocorre durante a adolescência do que após os 25 anos de idade — a definição neural da idade adulta.

Quanto a mim, o desfecho por ter começado tão jovem foi um impacto exagerado no caminho de meu desenvolvimento. É provável que, com circuitos neurais vulneráveis como a via mesolímbica sendo tão rudemente atacados, eu tenha desenvolvido uma insensibilidade — assim como ouvir música em volume muito alto pode reduzir a acuidade auditiva. Não que eu não possa sentir prazer; apenas é preciso mais quantidade para causar uma impressão. Isso, quem sabe, ajuda a explicar por que uma porção tão significativa de minha renda é gasta em passagens aéreas, pois viajar é uma maneira de estimular a dopamina quando a vida cotidiana não consegue. O lado oposto disso, também apoiado por fortes evidências, é que quanto mais velho se começa a usar — do álcool à anfetamina —, menor a probabilidade de ficar viciado.[7] É provável que minha trajetória não tivesse sido tão precipitada se eu tivesse começado um pouco mais tarde. De fato, pesquisas indicam que a maioria das pessoas com transtornos por uso de substâncias começaram a usar durante a adolescência e preencheram todos os critérios antes dos 25 anos de idade.[8]

Infelizmente, é improvável que essa informação seja considerada uma prova para os jovens. Isso porque a tendência geral dos adolescentes para explorar e experimentar (ou, mais coloquialmente, "se envolver em comportamento imprudente") deve-se em parte ao subdesenvolvimento do córtex pré-frontal. Essa região logo acima dos globos oculares é a maior responsável por habilidades "adultas", como atraso de recompensa, raciocínio abstrato (incluindo declarações como "se eu gastar o dinheiro do aluguel em uma bolsa de marca, *então...*") e controle da impulsividade. Por algum plano de desenvolvimento inoportuno, o córtex pré-frontal é a última região do cérebro a atingir a maturidade. Além disso, essa área do cérebro é uma das regiões mais afetadas pelos transtornos causados pelo uso de substâncias. É como andar em um terreno minado!

Embora pareça um pouco como pregar no deserto, eu mesma implorei a meus filhos, assim como a meus muitos alunos, que considerassem cuidadosamente as evidências. A opinião popular, o pensamento positivo ou até políticas legislativas favoráveis não substituem os dados. O que há de melhor no mundo científico hoje em dia aponta para consequências a longo prazo do uso de drogas por adolescentes, pois a ação delas sobre um cérebro muito plástico e altamente sintonizado com novidades, e ao mesmo tempo ainda um passo atrás em termos de autocontrole, podem ser funestas. E para não colocar tudo nas costas da garotada, os adultos também precisam considerar a influência que *nosso* comportamento pode ter nos cérebros dos bebês antes de adotar políticas e práticas de drogas que impactam as futuras gerações.

Além do efeito porta de entrada, sabemos que os usuários crônicos de THC têm uma tendência crescente à melancolia, a demonstrar mais dificuldade com o raciocínio complexo e sofrer de problemas como ansiedade, depressão e dificuldades de convívio social. Os cientistas sabem que a relação é ao menos parcialmente causal: o uso regular de maconha leva a essas patologias.[9] Para os adultos, as alterações neurais causadas pela maconha podem abalar uma vida bem-sucedida e satisfatória ou dificultar seu desenvolvimento, mas a boa notícia é que a recuperação provavelmente viria com a abstinência. No entanto, são maiores as chances de que as consequências sejam permanentes quando a exposição ocorre durante a adolescência. Além de diminuir a sensibilidade à recompensa, o THC age em caminhos que atribuem valor ou importância às nossas experiências, e se isso é silenciado, sobretudo se for por toda a vida, é provável que os impactos sejam amplos e profundos. O cerne da questão é que o cérebro se adapta a qualquer droga que altere sua atividade, e parece fazê-lo de modo permanente se a exposição ocorre durante o desenvolvimento. Quanto maior e mais precoce nossa exposição à substância, mais fortemente o cérebro se ajusta.

## Uma Personalidade Adictiva

Sob um ponto de vista mais "macro", normalmente se ouve falar de alguém descrito como tendo uma personalidade adictiva (a personalidade tende a refletir tendências inatas e persistentes), e de fato pode haver aspectos da personalidade que inclinam a pessoa a usar drogas, mas essa relação não costuma ser simples. Por exemplo, o gene que codifica o transportador de recaptação de serotonina (o mesmo que é afetado pelos antidepressivos MDMA e ISRS) pode ser herdado em múltiplas versões. Essas versões diferem na rapidez com que o transmissor é reciclado, e essa pequena alteração cinética tem sido associada a diferenças na tendência de agir de forma impulsiva, envolver-se em comportamento social positivo e responder ao estresse. Essa influência, porém, depende em grande parte da intensidade da boa educação ou maus tratos na primeira infância. A atividade da serotonina também contribui para o grau de ansiedade que um indivíduo tende a ter, a qual, por sua vez, também é moldada pelas relações com nossos cuidadores mais importantes, para o bem ou para o mal. Aqueles que demonstram grande ansiedade — por herança ou experiências estressantes, ou ambas — são obviamente mais propensos a aproveitar os benefícios de sedativos como o álcool e as benzodiazepinas.

Existe um perfil semelhante para a dopamina e uma inclinação para comportamentos de risco. Alguns de nós naturalmente têm mais — ou menos — sensibilidade quanto à capacidade de substâncias usadas em excesso estimularem os processos produtores de dopamina, tornando as drogas mais salientes para uns do que para outros. Antes mesmo de começarem a usar, acredita-se que os dependentes tenham atividade alterada em seu sistema de dopamina mesolímbico, tornando-os hipersensíveis à mera possibilidade. Um estudo descobriu que o risco era maior em crianças de 11 a 13 anos com sensibilidade exagerada à recompensa, e que essa predisposição tornava muito mais provável que fossem diagnosticadas com um transtorno por uso excessivo de alguma substância quatro anos depois.[10] A sensibilidade à dopamina, tal como a velocidade de reciclagem da serotonina, não é um traço característico, como o tipo sanguíneo, mas, em linguagem estatística, tem uma distribuição normal na população. Isso dificulta a investigação, e as tendências normalmente distribuídas são o produto de múltiplas influências.

Apetite por risco não se reduz à questão das drogas. Diversos grupos de pesquisadores estudaram a relação entre a dopamina mesolímbica e o risco financeiro assumido por traficantes. Descobriram que aqueles com mais dopamina assumem mais riscos, apoiando a hipótese de que a impressão subjetiva do valor potencial de um investimento é maior havendo mais dopamina. Além disso, escolhas impulsivas e de alto risco são mais prováveis em outros animais com elevada taxa de dopamina mesolímbica, entre os quais cães, macacos e roedores. Mas o "risco" não abrange por completo os modos sutis com que a neurotransmissão da dopamina contribui para o comportamento. Em outro estudo, participantes receberam informações sobre dois possíveis destinos de viagem em duas sessões experimentais separadas.[11] Durante uma das sessões, receberam um placebo, e na outra, uma droga que aumentava a atividade da dopamina. As expectativas autodescritas de férias agradáveis eram mais altas para qualquer destino que fosse promovido à medida que os níveis de dopamina eram aumentados, e os sujeitos eram mais propensos a escolher essa opção porque presumivelmente parecia mais promissora.

Essas descobertas sugerem que a variação natural na sinalização da dopamina contribui para as diferenças no jeito como as pessoas reagem ao que se encontra em seu ambiente, e em particular se nos sentimos bastante tentados ou menos entusiasmados quando nos deparamos com a possibilidade de recompensa. A visão antiga, de relação direta da dopamina com uma sensação de prazer, é simplista demais. Em vez disso, o alto teor de dopamina se correlaciona com maior sensibilidade a experiências potencialmente recompensadoras, como se a mensagem relativa a algo de valor potencial estivesse sendo entregue em um volume maior e abafasse as desvantagens, tal como se pode notar nas pessoas que estão desenvolvendo dependência, inclusive das drogas, mas também quando estão apostando dinheiro ou agendando férias para um lugar que nunca visitaram.

Um aspecto relevante a assinalar é que as diferenças individuais em nossa neurobiologia tornam a moderação mais ou menos provável. O jogo neurobiológico não é praticado em um mesmo campo. As diferenças naturais na atividade da serotonina e dopamina mesolímbica, assim como em outros fatores influentes, têm implicações importantes. Para algumas pessoas, pelo nascimento, experiência ou uma combinação de ambos, o apelo das drogas é maior do que para os outros. Lembro-me de ter sido acordada uma manhã por uma amiga da escola que queria ir praticar windsurf. Enquanto me arrumava, tirei uma garrafa de vodka do freezer e lhe ofereci uma bebida. Ela respondeu: "Mas são 11 da manhã! Você acabou de acordar!" Por mim, ela poderia muito bem ter discutido o preço dos mamões em Caracas. Outra vez, sóbria há vários anos, estava saindo de uma festa ao lado de uma colega que tinha tomado apenas duas cervejas. Em seu raciocínio, ela levava em conta a hora da noite e ter que trabalhar na manhã seguinte, junto com alguns outros fatos que também pareciam irrelevantes. Até hoje fico desconcertada com as pessoas que podem beber e usar ou não drogas. Para mim, e para outros como eu, nada que não fosse uma desgraça iminente (e muitas vezes nem mesmo isso) seria incentivo suficiente para renunciar à estimulação farmacológica. As pessoas que param depois de apenas uma bebida, distribuem cocaína como um banqueiro ou guardam uma trouxa de maconha por meses são totalmente estranhas à minha experiência e estão além da minha capacidade de compreensão.

Por outro lado, sou capaz de compreender a depravação desta história da Associated Press: "Homem acusado de tentar trocar o bebê por cerveja." Ao que parece, uma mulher chamou a polícia depois que um homem a ofereceu um bebê de três meses de idade em troca de duas cervejas. Fico consternada em dizer que realmente entendo a perversão de valores que permite uma proposta tão insana, e embora a responsabilidade caiba ao adicto, parece óbvio que nenhuma pessoa "com a cabeça no lugar" faria tal coisa.

## A Lição da Aguardente

O negócio do DNA — criar novas estruturas — está no cotidiano. Quando acordamos, genes circadianos estimulam a excitação, a atividade e a fome; um encontro estressante ativa genes que direcionam a síntese de hormônios para nos ajudar a enfrentar desafios; e aprender coisas novas, talvez como o material deste livro, induz uma proliferação de sinapses que são a base das memórias de longo prazo — até mesmo em adultos, pois todos preservamos alguma plasticidade até o dia em que morremos. Certas ativações dos genes são puramente transitórias, como aquela que reflete nosso ritmo diário, ao passo que outras são duradouras, mas o fato básico é que nosso DNA se sintoniza de modo primoroso com o ambiente. Vastos feixes de DNA não codificador de proteínas, que compõem cerca de 98% do genoma, são sensíveis a um fluxo interminável de informações ambientais e traduzem esses sinais para afetar a transcrição genética. Isto é, usam estímulos como os cuidados da mãe, o conteúdo de nossas refeições, um passeio de montanha-russa ou uma interação difícil com um chefe para guiar a supressão ou aumento da síntese de proteínas, orquestrando uma sinfonia de mudanças moleculares que ocorrem a partir de toda espécie de coisas que constituem nossa experiência — o que está no ar, nas novidades, o pano de fundo e o primeiro plano de nossas vidas.

Então, que tipo de entrada ambiental abre o caminho para o vício? Não há como fornecer uma lista exaustiva, pois o universo de possíveis influências é praticamente ilimitado. No entanto, muitos desses fatores são bastante conhecidos, como estresse familiar, abuso ou negligência na infância, ambientes com poucos modelos de conduta positivos ou uma falta generalizada de oportunidades. Esses fatores não são apenas vagos, mas difíceis de quantificar: qual família não sofre estresse? Quanto estresse é demais? Ou seja, o estresse em si é algo nebuloso — todos sabemos o que é, mas de alguma forma não se consegue defini-lo — e isso torna difícil predeterminar as características de sua influência. E há também a questão de que eles tendem a se agrupar: como seria de se esperar, um ambiente familiar estressante ou instável aumenta a chance de dependência. As mulheres, em particular, provavelmente abusam de substâncias para tentar automedicar experiências traumáticas, como abuso sexual ou físico.[12] Situação econômica, estabilidade familiar, religiosidade e educação também foram identificados como aspectos de nosso ambiente que podem contribuir para, ou proteger de, uma tendência ao uso desordenado.

Estudos sobre gêmeos e adoção têm ajudado a compreender as influências ambientais. Já mencionei que mesmo clones monozigóticos (isto é, gêmeos idênticos), que compartilham 100% de seu DNA, sem mencionar muitas experiências iniciais, têm apenas 50% de chance de ambos se tornarem adictos, o que é mais do que em gêmeos fraternos, mas a probabilidade de que só os genes sejam responsáveis não passa de cerca de metade desse porcentual. Além dos culpados óbvios, como os já listados, milhares de estudos sugerem que influências ambientais aleatórias — em sua maioria imprevisíveis e insondáveis mesmo que apanhadas por nossos métodos experimentais (por exemplo, um dia particularmente estressante no ensino médio) — desempenham papel importante. Apesar do potencial de sobrecarga de dados, alguns pesquisadores (com habilidades matemáticas de alto nível, devo acrescentar) passam suas carreiras tentando analisar as influências ambientais que são ainda mais densas do que as informações encontradas dentro de nossas células.

Na pós-graduação, ampliei minha visão a respeito ao fazer um curso sobre história e cultura dos nativos norte-americanos e optei por escrever, em meu trabalho de conclusão, sobre as altas taxas de alcoolismo nesse grupo. Na época, eu compartilhava o ponto de vista dominante de que os nativos norte-americanos possuíam um gene ou enzima deficiente ou algum outro aspecto do circuito cerebral responsável pela dizimação da população indígena. Imaginei que passaria algum tempo na biblioteca examinando a literatura e resumindo as causas com facilidade.

Entre todos os grupos étnicos nos Estados Unidos, os nativos norte-americanos têm a maior taxa de transtornos por abuso de álcool, com comunidades inteiras sendo arruinadas de modo incalculável. Por exemplo, em algumas reservas, perto de metade das crianças nasce com envenenamento fetal por álcool, e as taxas de dependência são elevadíssimas. Como a placenta funciona como via expressa para todas as drogas indutoras de uso abusivo, os efeitos sobre o desenvolvimento do cérebro fetal são permanentes, e com isso os impactos devastadores dos altos índices de uso de álcool são perpetuados através das gerações. O álcool é especialmente problemático porque seus efeitos são mais potentes no início do desenvolvimento, muitas vezes antes mesmo que a mulher saiba que está grávida.

Impulsionada por um entusiasmo ingênuo, debrucei-me sobre dados de pesquisas e catálogos, mas logo aquele ardor todo se transformou em espanto e depois em descrença. Fiquei frustrada com a escassez de bons artigos. Na verdade nem havia muito a ser analisado. Isso não quer dizer que não houvesse estudos. Havia muitos: investigações sobre genes, neuroquímicos e estruturas, padrões de ondas cerebrais, enzimas hepáticas... e por aí afora. Esforços gigantescos dispendidos na tentativa de identificar o infeliz fator constitutivo que torna essas pessoas — já de saída despreparadas — tão indefesas à influência do álcool.

À medida que me confrontava com meus próprios pressupostos, fui percebendo como seria conveniente para nós uma explicação biológica para as taxas de dependência dos nativos. Se pudéssemos atribuir a epidemia do alcoolismo e os efeitos do álcool nos fetos, constatados nas reservas, a algo vinculado a "eles", não teríamos que perguntar sobre nossa cumplicidade na difamação sistemática de suas culturas, o roubo de terras e outros recursos, ou nos darmos conta que ser exilado com pouca esperança de crescimento pessoal ou prosperidade comunitária pode levar alguém a beber.

A bem da verdade, devo ter o cuidado de observar que não estou dizendo que não há distinções biológicas entre os nativos norte-americanos e outros grupos culturais. De fato, pequenas diferenças de ancestralidade remanescem ou são aumentadas em função da miscigenação. No entanto, não foram encontradas variações biológicas que expliquem a maior taxa de dependência dos nativos.

Então, se não é a biologia, qual poderia ser a fonte de todos os acidentes de carro, cirroses, malformações de crianças e danos às famílias nas comunidades indígenas norte-americanas? A resposta é curta e grossa: muita bebida. Poucos de nós gastam muito tempo com a questão das reservas. Só quando as estudei percebi que nelas não há muito o que fazer a não ser participar da fonte infinita de bebida barata. Embora conjuntos específicos de genes ou marcas epigenéticas possam, algum dia, ser considerados responsáveis por parte desses flagelos, há muitos elementos contribuintes poderosos e definitivos agindo bem debaixo de nossos narizes, incluindo altas taxas de pobreza e desemprego e uma escassez de oportunidades em geral.

Ainda que as condições em que a maioria de nós vive não sejam tão terríveis, os fatores situacionais — componentes tão imbricados em nossas vidas que passam despercebidos — contribuem para as escolhas de cada pessoa. Quem e o que encontramos diariamente, incluindo nossos relacionamentos, locais de trabalho, vizinhança, mídia e oportunidades, todos influenciam quem somos e o que nos tornamos.

### Raciocínio Impreciso

Então, pela última vez, por que eu? A resposta curta, apesar de tanto tempo e esforços, é que não sei. É provável que minhas tendências inatas se formem a partir de dezenas de sequências arriscadas de nucleotídeos, e que outras tantas ou mais marcas epigenéticas funcionem com o uso ávido e precoce, além de outras influências ambientais, para deixar os dados viciados de tal maneira que eu tenha mais probabilidade do que a maioria de morrer por abuso de substâncias. O fator final e muito importante está implícito naquele "funcionem com" acima porque cada uma dessas influências tem um efeito resultante direto em mim, mas também afeta umas às outras, formando uma teia de interações complexas. Assim, embora eu possa elaborar a falta de uma explicação cabal da ciência quase que indefinidamente, a conclusão é que é provável que existam tantos caminhos para se tornar um adicto quantos são os adictos.

A ciência é frustrante e recompensadora exatamente pelo mesmo motivo. Quanto mais examinamos qualquer aspecto da realidade, mais vemos o quanto há para aprender. Complexidade, ambiguidade e contingências são a regra em toda a natureza. Um dos meus aforismos favoritos reformula o dilema sugerindo que o objetivo da ciência não é abrir uma porta para a sabedoria infinita, mas estabelecer um limite para a ignorância infinita. Ao analisar qualquer problema com atenção, percebemos cada vez mais as falhas em nossas suposições e fazemos perguntas cada vez melhores. Então, posso dizer com absoluta certeza que não existe "um gene" para o vício, nem que é causado por uma "fraqueza moral"; não se trata de "pular uma geração"; as pessoas não são todas igualmente vulneráveis, e ninguém está igualmente em risco ao longo da vida. Em outras palavras, sabemos muito sobre as causas do vício e elas são complicadas.

Eis aqui outro fato decepcionante relacionado aos limites da ciência. Como a prova final é tão fugidia, os pesquisadores trabalham com probabilidades. Enquanto as famílias e os médicos se concentram no indivíduo para explicar as causas de um transtorno — por que fulano está assim? —, a ciência se concentra nas tendências de toda a população. O que isto significa é que, apesar de tudo o que sabemos, não podemos declarar com certeza quais indivíduos desenvolverão ou não um vício. Em vez disso, a pesquisa sugere que a probabilidade é maior ou menor em alguns grupos do que em outros (isto é, aqueles com dependência, depressão ou ansiedade em sua família imediata, aqueles com pouca oportunidade de autoaperfeiçoamento e assim por diante). Em outras palavras, não é "eu serei", mas "quais as chances de eu" me tornar um alcoólatra se meus pais ou avós perdessem o controle quanto ao uso da bebida, em comparação a se ninguém de minha família imediata tivesse feito isso? Neste último caso, a probabilidade é de 5%, e naquela, entre 40% e 20%. Ou seja, não posso dizer com precisão a razão pela qual meu uso se afastou de algo como um padrão aceitável, mas posso apontar para fatores que provavelmente contribuíram.

Subjacente a toda essa incerteza está a realidade de que ainda não temos como mensurar com objetividade o vício. Na verdade, os Institutos Nacionais de Saúde não conseguem sequer estabelecer um nome para aquilo que pessoas como eu têm. Usamos "viciado" ou "alcoólatra" e depois "dependente de drogas"; agora falamos em ter uma desordem do uso de drogas. Mudar nomes ou critérios diagnósticos no *Diagnostic and Statistical Manual of Mental Disorders* [*Manual Diagnóstico e Estatístico de Transtornos Mentais*, em tradução livre] (também conhecido como *DSM*, hoje em sua 5ª edição) pode fornecer uma ilusão de progresso, porém, acho que isso deixa mais claro quão pouco de fato compreendemos.

# 11

## Dando uma Solução para o Vício

> Não lamente; não fique indignado.
> Compreenda.
>
> —Spinoza (1632–1677)

### É Só um Bebê

A ascensão da neurociência foi alavancada pela promessa de explicar complexidades aparentemente inexplicáveis inerentes ao comportamento humano. No começo da era moderna, o neurofisiologista e filósofo Sir John Eccles argumentou que "a melhor compreensão do cérebro certamente leva o homem a uma compreensão mais rica de si mesmo, de seu semelhante e da sociedade, e na verdade do mundo inteiro com seus problemas".[1] Não sei como Sir John, falecido em 1997, reinterpretaria agora as projeções otimistas que fez no auge de sua carreira. Por um lado, tivemos saltos espantosos na ciência do cérebro nos últimos 50 anos. Aprendemos sobre como os genes influenciam a estrutura e a função do cérebro; desenvolvemos uma impressionante variedade de técnicas modernas para visualizar substratos neurais, suas conexões e seus estados de atividade — mesmo em indivíduos acordados e autônomos; e temos uma série de maneiras de projetar mudanças genéticas que desejamos alcançar. O foco particular dos próprios estudos de Eccles, a lacuna sináptica entre as células nervosas, ofereceu uma fonte de percepções revolucionárias, e esse conhecimento tem sido um trampolim para o desenvolvimento de drogas. É difícil avaliar até que ponto chegamos antes de percebermos que, na época em que ele escreveu essa afirmação, as varreduras cerebrais eram reservadas apenas para casos extremos, pois exigiam injeção de ar ou corante opaco para que se pudesse fazer uma radiografia padrão; ressonância magnética e tomografia computadorizada ainda estavam a mais de uma década de distância.

Por outro lado, enquanto nossas ferramentas se aprimoram e as perguntas se tornam cada vez mais sofisticadas, ainda vale a pena perguntar se toda essa badalação à neurociência valeu a pena. Em especial se você sofre de uma doença comportamental, a resposta é, infelizmente, não. O gosto amargo é que quase sem exceção a chance de cura de qualquer doença crônica relacionada ao cérebro é mais ou menos a mesma que sempre foi. Apesar dos esforços maciços, a doença de Alzheimer, a depressão mono ou bipolar, a esquizofrenia e os vícios ainda carecem de uma explicação causal, bem como de qualquer cura eficaz. Isso surpreende muitas pessoas, talvez porque haja uma tendência para notícias de descobertas significativas em vez de uma visão de amplo alcance cuja característica principal é dar dois passos para a frente e 1,99 para trás. Conclusão: apesar dos pequenos avanços na compreensão do vício, as taxas de distúrbios viciantes estão aumentando.

Ainda assim, é importante lembrar que, em comparação com a astronomia ou a física, o campo da neurociência é um recém-nascido. Há uma centena de anos, o campo da astrofísica sabia muito mais do que hoje. Como assim? Na época, os cientistas estavam certos de que conheciam o tamanho e a estrutura do universo. Claro, isso foi antes que tivessem qualquer noção sobre mecânica quântica, teoria das cordas, matéria escura ou outras mudanças de paradigma decorrentes da pesquisa empírica. De fato, a astrofísica hoje mal lembra o que ela era no começo do século XX. Atualmente, os físicos espaciais estão muito mais conscientes daquilo que não entendem do que estavam naquela época. Poderíamos caracterizar a mudança como uma redução da certeza e um aumento da humildade. Isso foi algo muito bom para a área, não apenas por refletir com maior precisão a realidade, mas porque uma postura de abertura e questionamento é um catalisador para mais descobertas. Ninguém aprenderá o que não quer saber.

O entusiasmo e a excitação em torno do novo campo da neurociência talvez nos tenham levado a exagerar o que sabemos neste momento. Como quase todos desse campo, eu carecia de humildade perante a incrível complexidade do sistema nervoso quando embarquei em minha busca para curar a doença do vício. Quando, seja por algum descuido do comitê de admissões da Universidade do Colorado ou por um milagre, cheguei à escola de pós-graduação, as coisas não correram bem desde o início. Na realidade, nem um único experimento em meu primeiro ano e meio deu certo. Passados sete anos, finalmente estava percebendo que teria sorte se explicasse ao menos uma faceta do vício. No entanto, quando deixei Boulder, em meados da década de 1990, graças a uma bolsa de pós-doutorado em Portland para trabalhar com especialistas em genética comportamental, de alguma forma pensei que essa área seria mais simples. Planejei mudar meu foco de estudo, deixando as questões relacionadas ao estresse e aprendizagem, a fim de mapear os genes subjacentes ao vício. Parecia o momento e lugar oportunos para me envolver em tal empreendimento, em parte por causa do amplo compromisso com o mapeamento genético, incluindo o Human Genome Project (HGP) [Projeto Genoma Humano, em tradução livre].

O objetivo do HGP era clonar todos os genes humanos. Em outras palavras, como resultado desse ambicioso projeto de grupo, todos teriam acesso à sequência de nucleotídeos do genoma. Em termos da medicina, a promessa parecia incrível. Muitos assumiram que, de posse do código do DNA, identificar causas e desenvolver curas seria relativamente trivial. Como sabíamos que distúrbios como bipolaridade, ansiedade e vício ocorriam em famílias, parecia fácil comparar os genomas dos indivíduos afetados com os que não eram e identificar as maçãs podres no cesto. Meu amigo, como estávamos equivocados!

Publicado em 2000, o genoma humano tem sido útil, mas não da maneira como esperávamos. O primeiro sinal de alerta foi o número de genes humanos, muito, mas muito menor do que se antecipava. Esse engano resultou de nossa pressuposição de que a complexidade humana era baseada na genética, e porque, embora nossa história evolutiva não seja mais rica do que, por exemplo, a das batatas, nossa cultura certamente é. Assim, as primeiras previsões eram de que os 23 pares de cromossomos humanos seriam embalados com algumas centenas de milhares de genes. Durante o trabalhoso processo — realizado por robôs de laboratório guiados por um grande grupo de cientistas — a narrativa antes caracterizada por arrogância passou a ser chocante e por fim desaguou na decepção e no desgosto. Acontece que temos cerca de metade do número de genes da batata média: cerca de 20 mil!

Bravata, surpresa, humildade: essas etapas subsequentes que marcaram o desenvolvimento do projeto de descrição do genoma humano é mais ou menos a história da ciência em geral — e um microcosmo do meu caminho pessoal. Felizmente, a maior parte do progresso científico é medida pelo aprimoramento das perguntas que fazemos, e não pelo quão categóricas sejam nossas respostas. Enquanto muitos estão convencidos de que curas estão logo ali, dobrando a esquina, parece-me que quanto mais atentamente olhamos para algo, mais complexo e misterioso se torna. É como se, com cada dado adicional, nossa percepção do muito pouco que compreendemos aumentasse proporcionalmente; como uma cebola com infinitas camadas. Embora seja um privilégio fazer parte desse empreendimento, após muitas décadas atuando nesse campo, admito que não estou particularmente esperançosa com as perspectivas de breve resolução de algo de tamanha complexidade e tão difícil de lidar quanto o vício. Na verdade, sinto crescer meu ceticismo de que as soluções possam ser encontradas apenas no cérebro.

## A Solução da Rainha de Copas

Algo precisa ser feito com relação ao problema do vício, e essa é uma convicção generalizada. Você não estaria lendo este livro se não percebesse que o uso de drogas é uma crise de enormes proporções. O que se pode fazer a respeito?

Muitos de nós simpatizamos com a Rainha de Copas de Lewis Carroll, que ante a incapacidade de seus súditos de manter a ordem social, gritava, frustrada, "Cortem-lhes a cabeça".[2] O que mais se pode fazer com esses indivíduos tão mal comportados? Rodrigo Duterte, presidente das Filipinas, adotou tática parecida, adicionando a eficiência das balas. Embora a maioria de nós esteja horrorizada com o fato de que em apenas dois anos emissários de sua guerra contra as drogas mataram milhares de pessoas,[3] provavelmente também podemos compreender a frustração que poderia fazer com que a Operation Double Barrel [o nome dessa ação contra as drogas nas Filipinas] possa parecer a única opção. Raciocinando de modo semelhante, alguns estados dos EUA consideraram suspender antídotos de overdose como o Narcan de reincidentes, como se deixá-los morrer lhes ensinasse uma lição.

Em menor grau, outras soluções na mesma linha de "se você não pode controlar seu próprio comportamento, faremos isso por você" estão sendo examinadas. Em algumas partes do mundo, como vimos, dependentes são compulsoriamente submetidos a lesões cerebrais mesolímbicas, e nos Estados Unidos estão começando a propor a cirurgia cerebral como alternativa possível à prisão. Para ser justo, a estimulação cerebral profunda oferecida aqui pode ser revertida desligando a corrente, mas nem todas as estratégias propostas seriam reversíveis. Por exemplo, estão sendo desenvolvidas vacinas que tornariam uma droga escolhida sem efeitos, e embora os efeitos desses anticorpos fossem restritos, seriam permanentes. Todos esses exemplos têm em comum uma solução que visa restringir as escolhas dos adictos.

Conforme percorremos esse caminho, impulsionados pelo desespero da sociedade em fazer quase tudo para diminuir a hemorragia em nossas famílias, escolas e cidades, há questões práticas e éticas a serem ponderadas. Por exemplo, em que situações intervenções como essas se tornariam viáveis? Apenas como último recurso? Só para aqueles com um vício adquirido em boa-fé, ou talvez no meio do caminho, antes que tenha ocorrido muitos danos? Nesse caso, por que não avaliar os usuários no início de seu uso indevido e intervir, minorando os danos antes que os adictos tenham a chance de acabar com as vidas de seus familiares e amigos ou de dirigirem drogados ou alcoolizados? Por fim, poderia parecer vantajoso intervir em crianças, avaliando uma combinação de genética, traços de personalidade, relatos de professores e experiências iniciais de vida para encontrar indivíduos com alto risco e evitar por completo o uso desordenado.

A maioria de nós fica estarrecida com tais pensamentos, pois reconhecemos as muitas armadilhas que levam às tentativas de delinear ou controlar o comportamento, bem como pelo quanto valorizamos nossa própria liberdade — até para cometer erros. Alguns de nós podem até interpretar nossos escorregões e fraquezas como valiosas experiências de aprendizado que ajudaram a moldar nossos pontos fortes. Embora provavelmente não gostemos ou confiemos em alguma autoridade externa para impedir ou afastar a possibilidade de nossos caminhos errôneos, temos alguma alternativa viável?

Sob *qualquer* ângulo, a "guerra às drogas" tem sido um fracasso recorrente e depressivo. Eu argumentaria que isso ocorre porque apontar o dedo e agir com violência nada fazem para dominar o impulso de escapar da dor de nossa existência; se fazem alguma coisa, é piorar. Em 1917, o Congresso aprovou uma lei, que se tornou a 18ª emenda à Constituição dos EUA, proibindo a "fabricação, venda, transporte e importação" de bebidas alcoólicas. Um dos maiores efeitos da proibição foi o aumento da fabricação, venda e transporte ilegal dessas substâncias, e ainda que menos norte-americanos consumissem álcool durante o período, aqueles que continuaram bebendo, bebiam mais. A emenda foi revogada em 1933, reconhecida como um completo fracasso. Na mesma época, imi-

grantes mexicanos estavam sendo bodes expiatórios do alto desemprego de brancos, e como também haviam introduzido o uso recreativo da
maconha nos Estados Unidos, a Marijuana Tax Act ["Lei de Impostos
sobre a Maconha", em tradução livre] foi aprovada — uma iniciativa econômica xenófoba, e não com o intuito de fazer algo em prol da saúde. Tal
como as leis que se seguiram, pouco da legislação sobre drogas foi baseada em evidências científicas de danos. No final do século XX, apesar da
regulamentação generalizada e da severidade das penas, o uso de drogas
corria solto.

A verdade é que pessoas como eu, com tendência a usar drogas de modo
excessivo, têm menos propensão que a média para se deixar influenciar
por pressões externas, incluindo punição. Também é mais provável que
ignoremos costumes públicos — isso se não nos voltarmos contra eles.
Quando eu estava crescendo, a primeira-dama Nancy Reagan lançou
uma campanha para encorajar as pessoas a "apenas dizer não". Sempre
pensei que poderia ter sido mais eficaz ela encorajar a experimentação,
pois muitos adictos, e certamente eu, tendem a fazer o oposto do que lhe
dizem para fazer.

Ações para restringir a oferta servem apenas para que aqueles que buscam satisfazer sua própria demanda ou a de terceiros se empenhem ainda mais, da mesma forma com que as pessoas que se submeteram a uma
dieta comumente voltam a ganhar peso. E essa demanda é, em muitos aspectos, uma parte inevitável da natureza humana. Remover o ímpeto de
ficar "loucão", algo tão antigo, onipresente e neurologicamente relevante
é quase tão provável como demover nosso desejo de criar e explorar.

## Ideias Alternativas

Em sua maioria, os viciados morrem em decorrência de um comportamento insano, causando nesse meio tempo estragos enormes. Mas é
preciso deixar bem claro: não há nada de excepcional em minha recuperação; há milhões de pessoas felizes e bem-sucedidas que estiveram tão

mal ou pior do que eu, e esses milhões de exemplos oferecem um caminho baseado na liberdade, não no controle. Ainda que muitos, como eu, só comecem a se mexer quando ficamos sem opções, a recuperação é um processo de expansão, não de restrição.

Por experiência própria, compreendo o desespero que cresce à medida que as drogas passam a fazer escolhas por nós, decidindo com quem vamos estar e o que faremos. Essa clausura sombria, ocupada de maneira recorrente por todos os adictos, apesar da variação na periodicidade, nos despoja de nossa mercadoria mais preciosa, a liberdade de escolha. É por isso que não sou contra as drogas ou o uso delas, mas me oponho por completo ao vício: ele nos tira a liberdade. E é também por isso que curar o vício impondo limites permanentes ou semipermanentes ao nosso leque de escolhas não faz mais sentido do que ensinar a compaixão por meio do castigo corporal. Como um poderia dar origem à outra?

Assim como crianças precisam de autonomia em pequenas doses para aprender limites, pessoas em recuperação obviamente não podem ser deixadas por sua conta de uma só vez. Mas com apoio social, um leque de alternativas atraentes e talvez intervenções médicas de curto prazo, podemos aprender a escolher a vida — apesar de suas imperfeições óbvias — e não a morte. Em última análise, essa liberdade é o antídoto para o vício. Quando ouço pessoas sóbrias dizerem que usar não é mais uma opção, eu me encolho. Na verdade, é uma opção. Trata-se exatamente disso.

Então, qual poderia ser a cura ideal? Primeiro, uma formulação de fácil administração que evitaria a abstinência e o desejo, removendo a necessidade biológica de uma recaída rápida. Isso é importante, uma vez que a maioria dos que usam diariamente não consegue passar das primeiras horas de retirada sem sucumbir a um impulso incontrolável. E essa é a parte fácil da nossa panaceia; foi feito com Suboxone/buprenorfina para viciados em opiáceos, com Chantix/vareniclina para fumantes e com benzodiazepinas para alcoólatras, em menor grau, pois a droga é muito generalista. Em cada um desses casos, o tratamento só é eficaz quando associado a uma redução lenta na dose e amplo apoio social (como os Alcoólicos ou Narcóticos Anônimos, que podem fornecer tal suporte por toda a vida). Como os usuários de estimulantes em geral não sentem desejo nos primeiros dias após uma compulsão, parece que isso facilita as coisas. Porém, como a experiência demonstrou, a desintoxicação é apenas o começo, e nesse ponto nossa estratégia de tratamento cai na tentação de pegar um atalho. Medicações de uso contínuo, intervenções cerebrais profundas, anticorpos, dogmas religiosos ou editais do Congresso provavelmente serão contraproducentes a longo prazo. O princípio ausente em todas essas formulações é a oportunidade para cada um de nós buscar livremente uma vida plena de significado.

## Elevadores Ocultos

Contraí hepatite C nos anos 1980 ao compartilhar agulhas. Não foi uma boa notícia, no entanto reconheci a sorte de não ter contraído HIV/AIDS, que estava, e ainda está, sendo disseminada da mesma maneira. Vivi com a doença por mais de 30 anos, antes de me beneficiar da aparentemente trivial, embora muito onerosa cura, ingerindo 84 pílulas uma vez ao dia. Fico feliz em informar que, após todo esse tempo, o vírus foi erradicado do meu corpo por completo. Por outro lado, estar limpa e sóbria há mais de 30 anos não me permitiu "limpar" meu vício. Consegui me manter a uma distância segura de minha doença, mas sequer imagine que estou curada. É claro que a única maneira de provar que não posso usar tranquilamente seria me autodestruir, tipo apostar e ganhar que não sou capaz de voar pulando de um prédio, mas tenho uma forte suspeita, baseada na natureza de minhas fantasias persistentes. Por exemplo, quando alguém pergunta, como acontece com frequência, se eu gostaria de uma taça de vinho, transcorrem apenas alguns segundos até eu perceber que não. Por que alguém iria querer apenas uma taça? Nos bares que meu marido mais gosta, as cervejas são listadas por seus nomes e teor alcoólico. Não só acho que cervejas de alto teor alcoólico valem mais a pena como fico secretamente desapontada quando ele escolhe uma opção de baixa octanagem e acho que ele está perdendo tempo e dinheiro. Na minha maneira de pensar, o valor de qualquer droga é puramente sua capacidade de me afastar de mim mesma, e ainda que ame minha vida atual, não superei essa forma de pensar.

Minha doença não é causada por um vírus ou por uma droga, mas se mantém na maneira como meu cérebro responde a tratamentos farmacológicos — profunda e entusiasticamente. Essa tendência e todos os traços ou propensões psicológicos (e mais os biológicos) são, em termos estatísticos, normalmente distribuídos na população geral. Essa variação natural é essencial para a sobrevivência da espécie, pois a mudança de ambiente pode favorecer diferentes indivíduos em diferentes épocas. Como já discutido, nenhum fator de risco presente em um subconjunto de pessoas é específico para o abuso de drogas, porém confere tendências mais gerais, como uma preferência por novidades ou assunção de risco, ou uma disposição para ir contra a corrente. Até hoje, o modo mais certeiro de fazer com que eu faça algo é dizer que não devo fazer. Não me orgulho de meu viés de oposição, mas parece ser uma parte essencial da minha natureza; minha mãe brinca que quando eu tinha dois anos e ela me dizia para fazer algo, minha resposta seria que eu faria o contrário. Como outros com minha condição, também tendo a não evitar correr o risco de sofrer danos, o que significa que é provável que punições sejam ainda menos eficazes para pessoas como eu do que para o restante da população. Diria que fiquei de castigo durante metade dos primeiros anos da minha adolescência, o que eu compensava no resto do tempo. Fui a primeira entre os colegas a saltar do celeiro e ainda hoje gosto de tentar coisas novas. Atitudes assim, às vezes louvadas como "coragem", provavelmente contribuíram para minha disposição de ir a extremos, algo que uma pessoa mais razoável não faria. Então eu era do tipo empreendedora ou exploradora? Persistente ou compulsiva? Perigosa ou bravamente disposta a ir atrás do que desejava? Tenho certeza de que todas essas coisas.

Em outras palavras, aqueles que são suscetíveis ao vício no século XXI também podem ter sido os mais propensos a sobreviver e prosperar em nosso passado distante, e quem sabe no futuro. Mesmo hoje, tais fatores podem ser ativos preciosos para empreendimentos que se beneficiam da capacidade de tolerar — ou até mesmo de buscar — a incerteza, ou de atuar nos limites da prática convencional, tais como empreendimentos vocacionais ou pesquisas científicas. Não estou dizendo que uma maneira de ser é melhor do que a outra, mas nem que é pior. O que é temerário em um contexto pode ser inovador em outro.

Uma atitude libertária naquilo que valorizamos, ou mesmo toleramos, não pode prejudicar nossos esforços de cura. A sociedade, assim como o mercado, compreensivelmente aprecia aqueles entre nós que são capazes de andar na linha e dar algum retorno por ser assim. Mas essa não é uma habilidade universal, e talvez não devêssemos tentar fazer isso. Em particular se o caminho para alcançar tal capacidade de moderação for por intermédio de medicação ou outras estratégias invasivas.

## Contexto

É preciso considerar também o papel da cultura nessa questão. As oscilações no uso de drogas — como o grande aumento do abuso de estimulantes que coincidiu com ascensão do consumismo nos anos 1980, ou os esforços atuais para afastar o sofrimento do mundo — não servem de parâmetro para uma avaliação verdadeira da consistência do fenômeno geral, mas refletem a dependência que o vício tem em relação ao contexto. A maneira como acabei me afastando tanto de mim mesma e de tudo com que me importava se deveu em parte a mim e em parte a meu ambiente, talvez com a ajuda de más escolhas.

Nesse aspecto, entre as descobertas mais surpreendentes da neurociência recente está a natureza dependente do contexto de toda atividade neural. Ainda que nossos pensamentos, sentimentos e comportamentos sejam produtos da atividade cerebral neuroquímica, o que dá origem a essa atividade não está, em sua maior parte, em nosso cérebro. Em vez disso, o cérebro expressa o contexto evolucionário, social e cultural em que nos inserimos. Serve como a terra adubada em que nossos pensamentos, sentimentos e comportamentos crescem, mas estes surgem como produtos de substratos internos e fatores externos. Somos criaturas sociais, criadas em contextos que influenciam profundamente a estrutura e a atividade de nossos genomas e o fluxo eletroquímico entre os neurônios, e por consequência tudo o que fazemos e experimentamos. Daí se segue que a resposta à crise do vício não está apenas no cérebro, mas deve incluir o contexto. Jamais em nossa história evolucionária possuímos, como hoje, tamanha consciência da tragédia e do sofrimento generalizados no mundo. É nesse contexto doloroso que nossas tentativas de evitar e negar o fardo da consciência que têm sido ampliadas, cada vez mais desesperadas e difundidas.

Há dois fatores importantes agravando a situação. O primeiro tem a ver com avanço tecnológico relativamente rápido na potência e na disponibilidade das drogas. Em termos de efeitos fisiológicos, a diferença entre mastigar uma folha de coca e fumar crack é a mesma que existe entre se hidratar com uma xícara de chá ou bebendo água direto de uma mangueira de incêndio. A absorção de cocaína pela folha é muito mais lenta e menos eficiente do que a das formas purificadas da droga, por isso é literalmente impossível alcançar o tipo de concentração sanguínea que os adictos de hoje adquirem prontamente. Na verdade, não há evidências de dependência entre pessoas que usam coca em sua forma nativa. O risco de dependência também se elevou com a destilação do álcool — que produz concentrações muito acima dos limites da fermentação. E assim por diante. À medida que as drogas se tornam mais potentes, o tráfico é facilitado e sua popularidade faz com que seja uma boa aposta que versões sintéticas — com ainda mais potência — estejam a caminho.

Outra mudança no uso de drogas, que tem sido comum apenas há algumas centenas de anos, é usá-las solitariamente, e não em um ritual coletivo culturalmente endossado. Embora no passado certamente houvesse casos individuais de uso excessivo de drogas, a incidência epidêmica do vício na sociedade moderna depende de normas culturais que promovem, ou ao menos não levam em consideração, o isolamento.

A tendência a usar sozinho, se não for um requisito, é um indicador de abuso, já que cortar atividades e encurtar o número de amigos para garantir a capacidade de beber livremente anda de mãos dadas com problemas em desenvolvimento. A razão evidente para isso é evitar pessoas e situações que possam questionar ou confrontar nosso comportamento. Eu classificava atividades e relacionamentos com base no acesso a drogas. Em geral, evitava interações que não envolviam ficar chapada, mas se tivesse que participar, "dava uma calibrada" para tornar a ocasião mais suportável. Amigos que não apoiavam minha escolha de atividades não eram amigos, e conforme meu vício avançava, o número deles naturalmente diminuía; as amizades que mantive ou desenvolvi foram aquelas que conspiravam na ilusão de que eu estava bem (espelhando minhas escolhas). Leigh era uma amiga-conhecida que trabalhava comigo como garçonete em uma lanchonete, e a coloquei na categoria "amiga" porque ela gostava de festejar como eu. No entanto, após algum tempo afastada, ela voltou ao trabalho e me disse que estava em tratamento. Ainda me lembro da sensação de choque e de, imediatamente em seguida, me fechar. Não lembro ao certo se literalmente dei um passo para trás, mas sei que o susto teria sido menor se ela tivesse sido diagnosticada com uma doença infecciosa! Para ser sincera, aquela foi a última conversa que tivemos até encontrá-la, eu já sóbria, vários anos depois. Infelizmente, antes que pudéssemos de fato nos reconectar, ela teve uma overdose de Dilaudid [um opioide usado para tratamento da dor].

O campo de atuação da neurobiologia não é uniforme, contudo, em especial porque ações podem alterar a estrutura e a função do cérebro, provavelmente temos muito mais influência sobre nossas condições de vida e as vidas dos outros do que imaginamos ou exercemos. Em maior ou menor grau, sempre haverá entre nós quem seja passível de encontrar nas drogas uma alavanca conveniente, mas estamos todos posicionados em algum ponto na mesma escala. O aumento da incidência do vício reflete uma inclinação dessa escala, ponderada pelos ônus da solidão, da ansiedade sobre o futuro, do isolamento apesar dos "amigos" do Facebook, da incoerência da ganância e egoísmo institucionalizados, e de uma estrutura social que parece desvalorizar a empatia e a conexão. Por exemplo, de que maneira um jovem adulto lida com ter que escolher entre uma carreira na qual ganha muito dinheiro, mas depende de explorar pessoas, e uma carreira trabalhando como um dos explorados? Como deve ser a sensação de ter filhos em um mundo que não os estima de verdade? Ou de ser alojado na reta final de nossos dias, pobres e doentes, em depósitos de gente projetados exatamente com essa finalidade? Fica realmente difícil de imaginar como as pessoas não iriam atrás de drogas diante de realidades como essas.

E há muitos que têm feito isso. O usuário de heroína são o canário na mina de carvão, sinalizando a toxicidade do ambiente ao ser o primeiro a morrer, após tentar desesperadamente escapar do sofrimento por meio da segunda maneira mais direta que se pode imaginar.

Então, a quem cabe a culpa pela epidemia de dependência? A verdade é que ninguém é culpado, mas somos todos responsáveis. Nosso lado sombrio coletivo dá apoio ao vício porque precisamos ter um bode expiatório, mesmo quando negamos ou abraçamos as muitas estratégias de fuga que empregamos. Apoiamos as ferramentas do vício, que incluem o individualismo patológico que leva à alienação, o endosso disseminado e entusiástico de evitar a empatia, e uma miscelânea que envolve excesso de consumo e automedicação. Embora qualquer busca por uma causa (ou cura) esteja fadada a falhar, uma das fontes dessa epidemia é nossa relutância em suportar nossa própria dor, bem como nossa incapacidade de encarar o sofrimento dos outros com compaixão. Não sou masoquista, mas creio que a dor é subestimada como professora. Minhas próprias fraquezas, e os inevitáveis fracassos, têm sido fontes de crescimento e transformação, mas apenas quando os encaro.

Qualquer forma de desespero leva a atos degenerados. Segundo a psicologia social, a principal diferença entre cidadãos respeitáveis e criminosos depravados são as circunstâncias, incluindo muitas que estão além de nosso controle. Inclinações herdadas, experiências precoces e o ambiente atual se combinam para restringir muitas de nossas escolhas. Heroína, álcool, nicotina ou cocaína não fazem de ninguém um viciado, mas sim o impulso de fugir da realidade. Lembro-me de compartilhar um cachimbo de crack com um sem-teto por um tempo. Embora provavelmente tivesse uns 40 e poucos anos, ele tinha poucos dentes, sujos e em péssimo estado, no lado esquerdo da boca. Não tomava banho nem sequer se olhava no espelho havia semanas e estava imundo e muito magro. No entanto, sugava o cachimbo e falava como se estivesse no topo do mundo. Lembrei-me então do soma de Huxley [um tipo de droga usada por personagens de *Admirável Mundo Novo*], que as pessoas, em algum futuro distópico, tomavam a fim de lidar com a demência da sociedade. Para que não nos sintamos acima de tal depravação, podemos lembrar que os produtos químicos não são o único modo de fuga. Há muitos viciados em internet e entretenimento, comida, compras ou em trabalho, talvez tantos quanto os que têm problemas com substâncias.

A história de toda ciência começa no individual e progride para o coletivo ao qual está conectado. A botânica começou por catalogar espécimes e agora entende que a saúde de qualquer espécie depende de um panorama ecológico. Recentemente, os botânicos estão aprendendo que as plantas se comunicam umas com as outras — por exemplo, para alertar sobre o ataque de insetos.[4] O ponto focal da astronomia era a Terra, que se tinha certeza de que ocupava o centro de tudo, até Copérnico. A partir daí, percebemos não só que a Terra é uma mera partícula no cosmos, mas que não há centro, apenas um começo na explosão cósmica que ainda está se desdobrando sob (e ao redor de) nossos pés. Em resumo, é hora de reconhecer que nossos cérebros não são a fonte de quem somos ou o caminho para quem podemos nos tornar.

Os humanos têm 100 bilhões de neurônios em seus cérebros — tanto quanto há estrelas em uma galáxia — com um número de sinapses ainda mais astronômico pelas quais essas células interagem. Um conjunto finamente sintonizado, dedicado a apreciar e aprender com nossas experiências, uns com os outros e com o mundo natural, mediante conexões, comunicação, nossos sentidos, poesia, música e dança, o mundo das ideias e os limites delas. É nessas coisas que devemos nos ater quando esperamos frear a espiral do vício, pois estão consideravelmente mais próximas da cura do que algo que possa ser encontrado em outra garrafa ou pílula.

Como poderia ser qualquer um de nós, muitos de nós ou nossos entes queridos, e porque todos somos afetados quando qualquer um fracassa em realizar seu pleno potencial, devemos nos comprometer, em primeiro lugar, a reconhecer o problema, olhar para ele incisivamente, em vez de afastá-lo, e depois nos unirmos uns aos outros com mente, coração e atitudes, a fim de nos conectar com aqueles que precisam de nossa ajuda ou aqueles de cuja ajuda precisamos. Viver na Terra hoje é como estar em um bote salva-vidas com todas as outras pessoas no planeta; virar as costas é tão desumano quanto impraticável. Estamos todos juntos nisso. Claro, a biologia está envolvida! Mas a insistência de que este problema começa e termina na cabeça de um adicto não é apenas equivocada, mas desleal.

A assistência de que falo não é permissível ou leniente. Não estou sugerindo prevenir consequências provocadas por ninguém, não só porque isso cerceia a liberdade, mas também porque perpetua o problema. Mas temos que no mínimo reconhecer o que está à nossa frente. Como James Baldwin disse: "Não podemos consertar o que não vamos enfrentar", então vamos enxergar e verbalizar o problema. Em vez de fingir que não notamos quando substâncias que alteram a consciência corroem nossa conexão com o outro, seja em um comportamento atípico em um evento festivo da empresa ou como parte de um lento caminhar rumo ao vício crônico, por que não compartilhar nossas observações? Após certo período sóbria, parada de manhãzinha em um semáforo no Spanish River Boulevard, em Boca Raton, olhei de relance para o carro ao lado e notei um sujeito aparentemente normal bebendo de uma garrafa enfiada em um saco de papel marrom. Ainda em meio ao gole, levantou as pálpebras e nossos olhares se cruzaram. O que tem me assombrado desde aquele momento é o quão rapidamente desviei o olhar, como se tivesse feito algo errado ao vê-lo dar um trago no início da manhã. Senti, e não me sai da lembrança, um sentimento de vergonha e, fico até constrangida em dizer, repugnância. Por que pessoas que agem tão contrariamente a seus próprios interesses provocam em nós uma sensação de repúdio? Uma vítima de qualquer doença geralmente provoca pena; viciados evocam sobretudo repulsa. O que há no comportamento irracional de um viciado que faz com que todos queiram se afastar?

## Uma Palavra Final

A epidemia de opiáceos deixa à vista o que tem sido verdade o tempo todo, mas que talvez seja fácil demais ignorar: a maioria dos viciados passa a usar de maneira descontrolada às claras, sem que ninguém — especialmente eles mesmos — se dê conta até ser tarde demais. Ultrapassado o limiar, as chances de recuperar o controle são diminutas. É surpreendente que, apesar de tudo que a neurociência tem aprendido sobre o vício, muito pouco se tem avançado nesse caminho. Isso ocorre em parte pelo muito que ainda há a se entender, mas sobretudo devido à capacidade incrivelmente poderosa do cérebro para frustrar os efeitos das drogas. Apesar desses dois fatores, um terceiro ainda mais relevante pode ser a maneira como cada um de nós responde ao outro. Juntos, fortalecemos a epidemia do vício, adotando falsas dicotomias como "nós-eles" ou "saudáveis-enfermos". Ao fazer isso, aceitamos como verdade o mito de que a felicidade pode ser perseguida no nível individual e perpetuamos uma cultura de isolamento e alienação. Com tal atitude, ainda excluímos os possíveis benefícios que podem ser obtidos por uma comunidade mais diversificada e inclusiva.

Ao reconhecer que o problema pode não estar "neles", podemos considerar que as pessoas que hoje lutam contra o vício têm aguçado a sensibilidade a fatores que promovem o isolamento e a alienação de si próprios e em relação aos outros e frustram muitas vidas. Quando eu era jovem, ouvir alguém dizer que erros e sofrimento são um preço de estar vivo, em vez de tentar me ensinar como prevenir ou escapar dessas coisas, poderia ter ajudado. Não há como saber ao certo, mas me pergunto se meu caminho poderia ter evoluído de maneira diferente se eu tivesse tido a chance de enfrentar questões existenciais com o apoio de modelos mais empáticos e sensatos. Como observaram alguns de meus profes sores enquanto eu estava em recuperação, como sociedade estamos sofrendo de privação de profundidade.[5] E profundidade é encontrada mais naturalmente em conexões sinceras.

No auge do meu vício, quando perguntado sobre sua família, meu pai respondia que tinha dois filhos homens. Se eu telefonava para casa e minha mãe não estivesse quando ele atendia (estes eram os dias anteriores aos celulares: eu usava um telefone público; ele atendia por telefone fixo), simplesmente colocava o telefone de volta no gancho. Se minha mãe estivesse em casa, ele não me dirigia a palavra, mas ela por fim atendia o telefone. Era mais fácil para meu pai bloquear a dor da minha triste existência em sua mente e vida. Não o culpo, sobretudo porque estava tentando fazer o mesmo.

Embora tenha havido vários momentos decisivos em minha trajetória, parece profundamente significativo que a mudança concreta tenha se iniciado alguns meses após o episódio do fantasma no espelho, quando meu pai inexplicavelmente mudou de comportamento e me convidou para jantar em meu 23º aniversário. Agentes federais, a morte de amigos, expulsões, despejos e inúmeras outras tragédias não foram suficientes para me fazer mudar; ao contrário, foi amor e conexão. A disposição de meu pai de ser visto comigo e de me tratar com bondade abriu minha concha defensiva de racionalizações e justificativas. Abriu o coração solitário que nenhum de nós dois sabia que eu tinha.

Avanços excitantes na neurociência estão descobrindo os correlatos biológicos do vício. Ainda que exista muito a aprender dentro e fora do que é configurado em laboratório, temos dados cumulativos suficientes para reconhecer que nós/nossos cérebros são moldados e restringidos por muito, muito mais do que nossa biologia individual. E de todas essas influências, talvez as mais imediatas e impactantes, e portanto potencialmente úteis para a realização de mudanças, são nossas conexões uns com os outros. Nós nos afetamos mutuamente, incluindo a neurobiologia, a neuroquímica e o comportamento, de maneiras diretas e profundas. Enquanto procuramos respostas para atender à crescente população de viciados, convém reconhecer que o uso desordenado vem, prospera e cria alienação. Isso significa que construir muros para nos manter afastados de nossas emoções ou de nossos vizinhos só piorará as coisas, fazendo recrudescer a epidemia.

Quando pedaços de informação ou dados são contextualizados, temos conhecimento. Este nos ajuda a apreciar o que sabemos e a reconhecer que há muito que não sabemos; juntos, esses são os primórdios da compreensão. A sabedoria cresce à medida que a compreensão gera humildade e mente aberta, requisitos para ver as coisas como elas são. Nos últimos cem anos, deixamos de esperar que os viciados curem a si próprios, e isso sem dúvida é um progresso. Contudo, esperar por uma cura biomédica ou qualquer outra cura externa é deixar de fazer perguntas a nós mesmos e considerar nosso papel na epidemia. Em vez de ficar apenas preocupados e na torcida, podemos agir para tentar alcançar outras pessoas.

# Notas

## 1. O ALIMENTO DO CÉREBRO

1. Dalton Trumbo, *Johnny Got His Gun* (Nova York: J. B. Lippincott, 1939).
2. James Olds e Peter Milner, "Positive Reinforcement Produced by Electrical Stimulation of Septal Area and Other Regions of Rat Brain", *Journal of Comparative and Physiological Psychology* 47, no. 6 (1954).
3. Nan Li et al., "Nucleus Accumbens Surgery for Addiction", *World Neurosurgery* 80, no. 3–4 (2013), DOI:10.1016/j.wneu.2012.10.007.

## 2. ADAPTAÇÃO

1. Claude Bernard, *Lectures on the Phenomena of Life Common to Animals and Plants,* traduzido para o inglês por Hebbel E. Hoff, Roger Guillemin e Lucienne Guillemin (Springfield, Ill.: Thomas, 1974).
2. Walter B. Cannon, *The Wisdom of the Body* (Nova York: W. W. Norton, 1932).
3. Richard L. Solomon e John D. Corbit, "An Opponent-Process Theory of Motivation: I. Temporal Dynamics of Affect", *Psychological Review* 81, no. 2 (1974).
4. B. P. Acevedo et al., "Neural Correlates of Long-Term Intense Romantic Love", *Social Cognitive and Affective Neuroscience* 7, no. 2 (2012): 145–59, doi.org/10.1093/scan/nsq092.

206 **Notas**

5.  O livro de Macnish, *Anatomy of Drunkenness,* foi publicado pela primeira vez em 1827, e seu sucesso foi tanto que muitas edições atualizadas foram publicadas antes de uma versão estendida em 1859, que incluiu esta observação. Robert Macnish, *The Anatomy of Drunkenness* (Glasgow: W. R. McPhun, 1859).

## 3. UM EXEMPLO MUITO IMPORTANTE: THC

1.  Miles Herkenham et al., "Cannabinoid Receptor Localization in Brain", *Proceedings of the National Academy of Sciences* 87, no. 5 (1990).
2.  A regulação negativa de receptores $CB_1$ após exposição crônica a drogas que ativam locais de ligação de THC foi bem estabelecida por vários estudos, incluindo, por exemplo, o de Christopher S. Breivogel et al., "Chronic Delta9-Tetrahydrocannabinol Treatment Produces a Time-Dependent Loss of Cannabinoid Receptors and Cannabinoid Receptor-Activated G Proteins in Rat Brain", *Journal of Neurochemistry* 73, no. 6 (1999); Laura J. Sim-Selley e Billy R. Martin, "Effect of Chronic Administration of R-(+)-[2,3-Dihydro-5-methyl-3-[(morpholinyl) methyl]pyrrolo[1,2,3-de]-1,4-benzoxazinyl]-(1-naphthalenyl)methanone Mesylate (WIN55,212–2) or Delta(9)-tetrahydrocannabinol on Cannabinoid Receptor Adaptation in Mice", *Journal of Pharmacology and Experimental Therapeutics* 303, no. 1 (2002); João Villares, "Chronic Use of Marijuana Decreases Cannabinoid Receptor Binding and mRNA Expression in the Human Brain", *Neuroscience* 145, no. 1 (2007); Victoria Dalton e Katerina Zavitsanou, "Cannabinoid Effects on CB1 Receptor Density in the Adolescent Brain: An Autoradiographic Study Using the Synthetic Cannabinoid HU210", *Synapse* 64, no. 11 (2010); Jussi Hirvo-

nen et al., "Reversible and Regionally Selective Downregulation of Brain Cannabinoid CB1 Receptors in Chronic Daily Cannabis Smokers", *Molecular Psychiatry* 17, no. 6 (2012).

## 4. TECELÕES DE SONHOS: OPIÁCEOS

1. David Livingstone, *A Popular Account of Missionary Travels and Researches in South Africa* (London: John Murray, 1861). Logo após ocupar seu primeiro posto em Mabotswa em 1844, David Livingstone foi mordido no ombro por um leão, e escreveu sobre isso mais tarde, em seu diário. A dor persistente não impediu que Livingstone passasse a maior parte de sua vida, outros 30 anos, explorando a África. Ele foi o primeiro europeu a visitar diversos locais nas regiões central, sul e leste do continente, inclusive as cachoeiras Victoria Falls — nome dado por ele em homenagem à sua rainha — e a ilha a partir da qual ele avistou pela primeira vez as cachoeiras, em 1855, que hoje tem seu nome. Prefiro as descrições em bantu lozi [língua indígena] das cachoeiras e da ilha, traduzidas aproximadamente como "fumaça que troveja" e "lugar do arco-íris". Livingstone abandonou o serviço missionário porque sentiu um apelo de ordem espiritual em prol de uma ação política e econômica, na expectativa de trabalhar contra a escravidão, abrindo rotas comerciais na África. Sua atuação não foi das mais eficazes, em parte porque suas expedições para encontrar novas rotas de comércio em geral não deram certo. Esteve doente e fora de contato por vários anos até ser localizado pelo explorador galês H. M. Stanley em 1871. Livingstone morreu cerca de um ano e meio depois, aos 60 anos de idade, de malária e disenteria.

2. Eric Wiertelak, Steven Maier e Linda Watkins, "Cholecystokinin Antianalgesia: Safety Cues Abolish Morphine Analgesia", *Science* 256, no. 5058 (1992).

## 5: A MARRETA: ÁLCOOL

1. Frederick Marryat, *Second Series of a Diary in America, with Remarks on Its Institutions* (Philadelphia: T.K. & P.G. Collins, 1840).
2. Carol Prescott e Kenneth Kendler, "Genetic and Environmental Contributions to Alcohol Abuse and Dependence in a Population-Based Sample of Male Twins", *American Journal of Psychiatry* 156, no. 1 (1999).
3. Marc A. Schuckit, Donald A. Goodwin e George Winokur, "A Study of Alcoholism in Half Siblings", *American Journal of Psychiatry* 128, no. 9 (1972).
4. C. Gianoulakis, "Implications of Endogenous Opioids and Dopamine in Alcoholism: Human and Basic Science Studies", *Alcohol and Alcoholism,* suplemento 1 (1996).
5. Janice C. Froehlich et al., "Analysis of Heritability of Hormonal Responses to Alcohol in Twins: Beta-endorphin as a Potential Biomarker of Genetic Risk for Alcoholism", *Alcoholism: Clinical and Experimental Research* 24, no. 3 (2000).
6. C. Gianoulakis, D. Béliveau, D. Angelogianni, M. Meaney, J. Thavundayil, V. Tawar, M. Dumas, "Different Pituitary Beta-Endorphin and Adrenal Cortisol Response to Ethanol in Individuals With High and Low Risk for Future Development of Alcoholism", *Life Sentences* 45 (1989): 1097–1109.
7. A. M. Wood et al., "Risk Thresholds for Alcohol Consumption: Combined Analysis of Individual-Participant Data for 599,912 Current Drinkers in 83 Prospective Studies", *Lancet* 391 (2018): 1513–1523.
8. Bridget F. Grant, "Age at Smoking Onset and Its Association with Alcohol Consumption and DSM-IV Alcohol Abuse and Dependence: Results from the National Longitudinal Alcohol Epidemiological Survey", *Journal of Substance Abuse* 10, no. 1 (1998); Substance Abuse and Mental Health Services Administration, "Reports and Detailed Tables from the 2016 National Survey on Drug Use and Health (NSDUH)", Center for Behavioral Health Statistics and Quality, Rockville, Md.

9. World Health Organization, *Global Status Report on Alcohol and Health, 2014,* acessado em 6 de agosto de 2018, www.who.int.

10. U.S. Department of Health and Human Services, Office of the Surgeon General, *Facing Addiction in America: The Surgeon General's Report on Alcohol, Drugs, and Health* (Washington, D.C.: U.S. Department of Health and Human Services, 2016), acessado em 5 de março de 2018, www.ncbi.nlm.nih.gov.

## 6. A CLASSE DOS DEPRESSORES: TRANQUILIZANTES

1. Eve Bargmann, Sidney M. Wolfe e Joan Levin, *Stopping Valium, and Ativan, Centrax, Dalmane, Librium, Paxipam, Restoril, Serax, Tranxene, Xanax* (Nova York: Warner Books, 1983).

2. Francisco López-Muñoz, Ronaldo Ucha-Udabe e Cecilio Alamo, "The History of Barbiturates a Century After Their Clinical Introduction", *Neuropsychiatric Disease and Treatment* 1, no. 4 (2005).

3. Han Chow Chua e Mary Chebib, "GABA$_A$ Receptors and the Diversity in Their Structure and Pharmacology", *Advances in Pharmacology* 79 (Maio de 2017), DOI:10.1016/bs.apha.2017.03.003.

4. David N. Stephens et al., "GABA$_A$ Receptor Subtype Involvement in Addictive Behaviour", *Genes, Brain, and Behavior* 16, no. 1 (2017), DOI:10.1111/gbb.12321.

5. Amanda J. Baxter et al., "The Global Burden of Anxiety Disorders in 2010", *Psychological Medicine* 44, no. 11 (2014), DOI:10.1017/S0033291713003243.

6. Debra A. Bangasser et al., "Sex Differences in Stress Regulation of Arousal and Cognition", *Physiology and Behavior* 187 (2018), DOI:10.1016/j.physbeh.2017.09.025.

7. Richard W. Olsen e Jing Liang, "Role of GABA$_A$ Receptors in Alcohol Use Disorders Suggested by Chronic Intermittent Ethanol (CIE) Rodent Model", *Molecular Brain* 10 (2017), DOI:10.1186/s13041-017-0325-8.

8. Marcus A. Bachhuber et al., "Increasing Benzodiazepine Prescriptions and Overdose Mortality in the United States, 1996–2013", *American Journal of Public Health* 106, no. 4 (2016), DOI:10.2105/AJPH.2016.303061.

9. "Is It Bedtime for Benzos?" Van Winkle's (blog), The Huffington Post, www.huffingtonpost.com/van-winkles/is-it-bedtime-for--benzos_b_7663456.html. Nicolas Rasmussen é um historiador da medicina com doutorado em biologia por Stanford e mestrado em saúde pública pela Sydney University Medical School. São abundantes seus escritos sobre as tendências na ciência biomédica, farmacologia e políticas relacionadas a saúde e drogas. Veja www.nicolasrasmussen.com/Home_Page.html.

10. Charles A. Czeisler, "Perspective: Casting Light on Sleep Deficiency", *Nature,* 23 de maio de 2013; Megumi Hatori et al., "Global Rise of Potential Health Hazards Caused by Blue Light–Induced Circadian Disruption in Modern Aging Societies", *NPJ: Aging and Mechanisms of Disease,* 16 de junho de 2017, DOI:10.1038/s41514-017-0010-2.


## 7. ESTIMULANTES

1. Samuel H. Zuvekas e Benedetto Vitiello, "Stimulant Medication Use Among U.S. Children: A Twelve-Year Perspective", *American Journal of Psychiatry* 169, no. 2 (2012), DOI:10.1176/appi.ajp.2011.11030387.

2. Nora D. Volkow, "Long-Term Safety of Stimulant Use for ADHD: Findings from Nonhuman Primates", *Neuropsychopharmacology* 37, no. 12 (2012).

3. Daniel Morales Guzmán e Aaron Ettenberg, "Runway Self-Administration of Intracerebroventricular Cocaine: Evidence of Mixed Positive and Negative Drug Actions", *Behavioral Pharmacology* 18, no. 1 (2007).

4. World No Tobacco Day 2017, "Tobacco Threatens Us All: Protect Health, Reduce Poverty, and Promote Development" (Genebra: Organização Mundial da Saúde, 2017).
5. L. Cinnamon Bidwell et al., "Genome-Wide SNP Heritability of Nicotine Dependence as a Multidimensional Phenotype", *Psychological Medicine* 46, no. 10 (2016), DOI:10.1017/S0033291716000453.
6. Mariella De Biasi e John A. Dani, "Reward, Addiction, Withdrawal to Nicotine", *Annual Review of Neuroscience* 34 (2011), DOI:10.1146/annurev- neuro-061010–113734.
7. Aaron Ettenberg, "Opponent Process Properties of Self-Administered Cocaine", *Neuroscience and Biobehavioral Reviews* 27, no. 8 (2004).
8. Juan Sanchez-Ramos, "Neurologic Complications of Psychomotor Stimulant Abuse", in *International Review of Neurobiology: The Neuropsychiatric Complications of Stimulant Abuse,* ed. Pille Taba, Andrew Lees, and Katrin Sikk (Amsterdã: Academic Press, 2015).
9. G. Hatzidimitriou, U. D. McCann, G. A. Ricaurte, "Altered Serotonin Innervation Patterns in the Forebrain of Monkeys Treated with (±)3,4-Methylenedioxymethamphetamine Seven Years Previously: Factors Influencing Abnormal Recovery", *Journal of Neuroscience* 19 (1989): 5096–5107.
10. Lynn Taurah, Chris Chandler, Geoff Sanders, "Depression, Impulsiveness, Sleep, and Memory in Past and Present Polydrug Users of 3,4-Methylene dioxymethamphetamine (MDMA, ecstasy)", *Psychopharmacology* 231 (2014), DOI:10.1007/s00213-013-3288-1.

## 8. VENDO CLARAMENTE AGORA: PSICODÉLICOS

1. Albert Hofmann, "Notes and Documents Concerning the Discovery of LSD", *Agents and Actions* 1, no. 3 (1970), doi.org/10.1007/BFO1986673.
2. "Stanislav Grof Interviews Dr. Albert Hofmann, Esalen Institute, Big Sur, California, 1984", acessado em 14 de abril de 2018, www.maps.org.
3. "LSD: The Geek's Wonder Drug?", www.wired.com, 16 de janeiro de 2006.
4. Diana Kwon, "Trippy Treatments", *Scientist,* setembro de 2017.
5. Michael P. Bogenschutz et al., "Psilocybin-Assisted Treatment for Alcohol Dependence: A Proof-of-Concept Study", *Journal of Psychopharmacology* 29, no. 3 (2015), doi:10.1177/0269881114565144.
6. Peter S. Hendricks et al., "The Relationships of Classic Psychedelic Use with Criminal Behavior in the United States Adult Population", *Journal of Psychopharmacology* 32, no. 1 (2018), DOI:10.1177/0269881117735685.
7. R. R. Griffiths et al., "Psilocybin-Occasioned Mystical-Type Experience in Combination With Meditation and Other Spiritual Practices Produces Enduring Positive Changes in Psychological Functioning and in Trait Measures of Prosocial Attitudes and Behaviors", *Journal of Psychopharmacology* 32 (2018): 49–69.
8. José Carlos Bouso et al., "Personality, Psychopathology, Life Attitudes, and Neuropsychological Performance Among Ritual Users of Ayahuasca: A Longitudinal Study", *PLoS ONE* 7, no. 8 (2012), doi.org/10.1371/journal.pone.0042421.
9. Evan J. Kyzar et al., "Psychedelic Drugs in Biomedicine", *Trends in Pharmacological Science* 38, no. 11 (2017).

10. David E. Nichols, Matthew W. Johnson e Charles D. Nichols, "Psychedelics as Medicines: An Emerging New Paradigm", *Clinical Pharmacology and Therapeutics* 101, no. 2 (2017), DOI:10.1002/cpt.557.

## 9. UMA VONTADE E UM CAMINHO: OUTRAS DROGAS VICIANTES

1. Cody J. Wenthur, Bin Zhou e Kim D. Janda, "Vaccine-Driven Pharmacodynamic Dissection and Mitigation of Fenethylline Psychoactivity", *Nature* 548 (2017), DOI:10.1038/nature23464.
2. Xin Wang, Zheng Xu e Chang-Hong Miao, "Current Clinical Evidence on the Effect of General Anesthesia on Neurodevelopment in Children: An Updated Systematic Review with Meta-regression", *PLoS ONE* 9, no. 1 (2014), DOI:10.1371/journal.pone.0085760.
3. Matthew Baggott, E. Erowid e F. Erowid, "A Survey of *Salvia divinorum* Users", *Erowid Extracts* 6 (junho de 2004), acessado em 2 de março de 2018.
4. Rachel I. Anderson e Howard C. Becker, "Role of the Dynorphin/Kappa Opioid Receptor System in the Motivational Effects of Ethanol", *Alcoholism: Clinical and Experimental Research* 41, no. 8 (2017); George F. Koob, "The Dark Side of Emotion: The Addiction Perspective", *European Journal of Pharmacology* 15 (2015).
5. André Cruz et al., "A Unique Natural Selective Kappa-opioid Receptor Agonist, Salvinorin A, and Its Roles in Human Therapeutics", *Phytochemistry* 137 (2017), DOI:10.1016/j.phytochem.2017.02.001.

6. Yong Zhang et al., "Effects of the Plant-Derived Hallucinogen Salvinorin A on Basal Dopamine Levels in the Caudate Putamen and in a Conditioned Place Aversion Assay in Mice: Agonist Actions at Kappa Opioid Receptors", *Psychopharmacology* 179, no. 3 (2005); William A. Carlezon Jr. et al., "Depressive-Like Effects of the Kappa-opioid Receptor Agonist Salvinorin A on Behavior and Neurochemistry in Rats", *Journal of Pharmacology and Experimental Therapeutics* 316, no. 1 (2006).
7. Daniela Braida et al., "Involvement of K-opioid and Endocannabinoid System on Salvinorin A–Induced Reward", *Biological Psychiatry* 63, no. 3 (2008).
8. Paul Prather et al., "Synthetic Pot: Not Your Grandfather's Marijuana", *Trends in Pharmacological Sciences* 38, no. 3 (2017), DOI:10.1016/j.tips.2016.12.003.
9. David M. Wood, Alan D. Brailsford e Paul I. Dargan, "Acute Toxicity and Withdrawal Syndromes Related to γ-hydroxybutyrate (GHB) and Its Analogues γ-butyrolactone (GBL) and 1,4-Butanediol (1,4-BD)", *Drug Testing and Analysis* 3, nos. 7–8 (2011), DOI:10.1002/dta.292.
10. Matthew O. Howard et al., "Inhalant Use and Inhalant Use Disorders in the United States", *Addiction Science and Clinical Practice* 6, no. 1 (2011).
11. Ibid.
12. Stephen H. Dinwiddie, Theodore Reich e C. Robert Cloninger, "The Relationship of Solvent Use to Other Substance Use", *American Journal of Drug and Alcohol Abuse* 17, no. 2 (1991).

## 10. POR QUE EU?

1. Carl Sagan, "The Burden of Skepticism", *Skeptical Inquirer* 12 (1987).
2. Rachel Yehuda et al., "Holocaust Exposure Induced Intergenerational Effects on FKBP5 Methylation", *Biological Psychiatry* 80, no. 5 (2016), DOI:10.1016/j.biopsych.2015.08.005.
3. Elmar W. Tobi et al., "DNA Methylation Signatures Link Prenatal Famine Exposure to Growth and Metabolism", *Nature Communications* 5 (2014) (errata em *Nature Communications* 6 [2015]), DOI:10.1038/ncomms6592.
4. H. Szutorisz et al., "Parental THC Exposure Leads to Compulsive Heroin-Seeking and Altered Striatal Synaptic Plasticity in the Subsequent Generation", *Neuropsychopharmacology* 39 (2014): 1315–1323.
5. Moshe Szyf, "Nongenetic Inheritance and Transgenerational Epi-genetics", *Trends in Molecular Medicine* 21, no. 2 (2015).
6. David M. Fergusson e Joseph M. Boden, "Cannabis Use and Later Life Outcomes", *Addiction* 103, no. 6 (2008); Henrietta Szutorisz et al., "Parental THC Exposure Leads to Compulsive Heroin-Seeking and Altered Striatal Synaptic Plasticity in the Subsequent Generation", *Neuropsychopharmacology* 39, no. 6 (2014), doi.org/10.1038/npp.2013.352; Eric R. Kandel e Denise B. Kandel, "A Molecular Basis for Nicotine as a Gateway Drug", *New England Journal of Medicine* 371, no. 21 (2014), DOI:10.1056/NEJMsa1405092.
7. Para uma revisão recente a respeito deste assunto, veja Chloe J. Jordan e Susan L. Andersen, "Sensitive Periods of Substance Abuse: Early Risk for the Transition to Dependence", *Developmental Cognitive Neuroscience* 25 (2017), DOI:10.1016/j.dcn.2016.10.004.

8. U.S. Department of Health and Human Services, Office of the Surgeon General, *Facing Addiction in America,* 2016.

9. Rebecca D. Crean, Natania A. Crane e Barbara J. Mason, "An Evidence Based Review of Acute and Long-Term Effects of Cannabis Use on Executive Cognitive Functions", *Journal of Addictive Medicine* 5, no. 1 (2011), DOI:10.1097/ADM.0b013e31820c23fa; F. Markus Leweke e Dagmar Koethe, "Cannabis and Psychiatric Disorders: It Is Not Only Addiction", *Addiction Biology* 13, no. 2 (2008), DOI:10.1111/j.1369- 1600.2008.00106.x; Daniel T. Malone, Matthew N. Hill e Tiziana Rubino, "Adolescent Cannabis Use and Psychosis: Epidemiology and Neurodevelopmental Models", *British Journal of Pharmacology* 160, no. 3 (2010), DOI:10.1111/j.1476–5381.2010.00721.x; Claudia V. Morris et al., "Molecular Mechanisms of Maternal Cannabis and Cigarette Use on Human Neurodevelopment", *European Journal of Neuroscience* 34, no. 10 (2011), DOI:10.1111/j.1460–9568.2011.07884.x.

10. Joshua B. Garfield et al., "Attention to Pleasant Stimuli in Early Adolescence Predicts Alcohol-Related Problems in Mid-adolescence", *Biological Psychology* 108 (May 2015), DOI:10.1016/j.biopsycho.2015.03.014.

11. Tali Sharot et al., "Dopamine Enhances Expectation of Pleasure in Humans", *Current Biology* 19, no. 24 (2009), doi.org/10.1016/j.cub.2009.10.025.

12. Dorothy E. Grice et al., "Sexual and Physical Assault History and Posttraumatic Stress Disorder in Substance Dependent Individuals", *American Journal of Addictions* 4, no. 4 (1995); Lisa M. Najavits, Roger D. Weiss e Sarah R. Shaw, "The Link Between Substance Abuse and Posttraumatic Stress Disorder in Women: A Research Review", *American Journal of Addictions* 6, no. 4 (1997), doi.org/10.1111/j.1521–0391.1997.tb00408.x.

13. C. L. Ehlers e I. R. Gizer, "Evidence for a Genetic Component for Substance Dependence in Native Americans", *The American Journal of Psychiatry* 170 (2013): 154–164.

## 11. DANDO UMA SOLUÇÃO PARA O VÍCIO

1. John C. Eccles, "The Future of the Brain Sciences", in *The Future of the Brain Sciences,* ed. Samuel Bogoch (Nova York: Plenum Press, 1969).
2. Lewis Carroll, *Alice's Adventures in Wonderland* (London: Macmillan, 1865).
3. Human Rights Watch, *World Report, 2017.*
4. Richard Karban, Louie H. Yang e Kyle F. Edwards, "Volatile Communication Between Plants That Affects Herbivory: A Meta-analysis" *Ecology Letters* 17, no. 1 (2013); and see Kat McGowan, "The Secret Language of Plants", *Quanta Magazine,* 16 de dezembro de 2013, www.quantamagazine.org.
5. Center for Action and Contemplation, Albuquerque, N.M., cac.org.

# Índice

## A

abstinência, 26, 42, 61, 67, 103, 125, 174, 210
ação neural, 25
acupuntura, 67
adaptação, 39
adaptação compensatória, 162
adenosina, 122
adicto, 47, 181
alcatrão, 124
álcool, 25, 53, 63, 83, 104, 118, 155, 161, 181, 216
alcoólatras, 210
alcoolismo, 83
alterações neurais, 192
alucinógeno, 136, 170
alucinógenos, 68, 145
aminoácidos, 92
analgesia, 68
  analgésico, 66
anandamida, 56
anedonia, 25
anestesia, 167
anestésicos dissociativos, 152, 166
anfetamina, 25, 97, 163
anfetaminas, 117
ansiedade, 19, 44, 85, 105, 127, 155, 192
ansiolíticos, 106
antagonistas opioides, 92
antiopiáceos, 70, 81
aprendizagem, 39, 205
aspecto punitivo, 85–86

negativo, 86–87
positivo, 86
ativação mesolímbica, 91
atividade
  atividade cerebral, 21, 68
  atividade neural, 22, 90, 117, 167, 213

## B

barbitúricos, 104, 166
bebebores sociais, 83
beladona, 145
beta-endorfina, 91
BZD, 110

## C

cafeína, 32, 105, 117, 120, 161
câncer, 103
capacidade de percepção, 37
caráter, 183
carcinogênico, 124
catinona, 163
causa neural, 39
centro de recompensa, 24
cérebro, 20, 42, 70, 85, 122, 158, 161, 185, 203
cetamina, 145, 166
cigarro, 124, 163
  cigarros eletrônicos, 124
circuito
  circuito cerebral, 23, 110

## 220 Índice

circuito mesolímbico, 42
circuito neural, 24
cocaína, 25, 39, 53, 82, 117, 157, 161, 214
cognição, 91
coma, 94
comportamento
  comportamento de risco, 194
  comportamento humano, 203
compostos alucinógenos, 161
compostos sintéticos, 162
compulsão, 104
comunicação neural, 57
contenção involuntária, 104
contracultura, 149
córtex, 55, 152

### D

dependência, 20, 68, 83, 103, 117, 145,
  162, 183
depressão, 25, 129, 155, 192
  depressão bipolar, 104
depressores, 85, 105
desejo, 44, 183, 210
desespero, 216
desintoxicação, 211
destilação, 89
detector de contraste, 70
dilema, 77
dissonância cognitiva, 182
DMT, 145
DNA, 184, 205
dopamina, 24, 56, 85, 118, 150, 185
dor, 70
drogas, 42, 63, 83, 117, 146, 162, 182,
  203
  droga de escolha, 68, 107
  drogas ilícitas, 103

drogas psicodélicas, 136-137
guerra às drogas, 208-209

### E

ecstasy, 89, 117, 162
Efedra, 164
efeitos colaterais, 30, 68, 129
  efeitos moleculares, 90
emoção, 25
endorfinas, 29, 67
enzimas, 89
epidemia, 219
epigenética, 187
equilíbrio dinâmico, 36
esquizofrenia, 104, 167
estabilidade neural, 22
estado
  depressivo, 38
  neutro, 38
estereotipia, 119
estimulantes, 63, 85, 105, 117, 162, 185,
  211
  estímulo, 36
  estímulos sensoriais, 57
estresse, 69, 93, 105, 193, 205
estrutura cerebral, 190
  neural, 19
  subcortical, 56
estrutura química, 30
euforia, 74, 92, 129
excitação, 167
experiências afetivas opostas, 43
experiência subjetiva, 45
exposição
  crônica, 60, 85
  precoce, 190-193

## Índice    221

## F

feedback positivo, 104
fenciclidina, 166
fumante, 210
  fumantes passivos, 124

## G

GABA, 90
genes, 19, 92, 185, 205
  genoma, 205
genética, 52
  genética comportamental, 205
GHB, 174
glutamato, 90

## H

heroína, 32, 55, 66, 89, 120, 157, 216
hipnóticos-sedativos, 103, 117, 166
homeostase, 23, 39, 78
hostilidade, 158
humor, 91, 121

## I

impulsividade, 19
inalantes, 177
influência genética, 187
inibições, 109
insônia, 105
interações químicas, 19
intoxicação, 97
irritabilidade, 127

## K

Khat, 163

## L

Leis da Psicofarmacologia, 30
lesões cerebrais, 207
letargia, 44
leveduras, 89
LSD, 25, 137, 145
lutar ou fugir, 92

## M

maconha, 25, 52, 61, 82, 124, 157, 161, 192
  THC, 53, 89, 172, 188
maníacos, 104
marreta neurológica, 94
MDMA, 117, 145, 162
MDPV, 163
mecanismos neurais, 19
medo, 113
medula espinhal, 20
mefedrona, 163
meio ambiente, 21
memórias, 90
mescalina, 136, 145
metabolismo, 86
metadona, 77
metanfetamina, 39, 134, 162
moderação, 195
modulação neural, 71
monitoramento cortical, 94
monoamina, 130, 165
moralidade, 183
morfina, 55, 81, 161
movimento hippie, 149

## N

naloxona, 66, 92
naltrexona, 66, 92

## Índice

Narcan, 92
narcoanálise, 110
narcóticos, 63, 171
negação coletiva, 66, 99
neurobiologia, 52, 195
neurociência, 203
  neurociência afetiva, 138
neurônios, 56, 90, 158
neuroplasticidade, 158
neurotransmissor, 24, 54, 71, 90, 110, 122, 174, 185
neutralidade sentimental, 33
nicotina, 41, 65, 83, 117, 123, 155, 161, 216
nucleus accumbens, 24, 118, 150

### O

omeostase, 59
opiáceos, 63, 85, 106, 118, 162, 189, 210, 219
ópio, 104
opioide, 128, 171
  opioides endógenos, 91
overdose, 65, 94, 103, 120, 166
oxicodona, 55

### P

paranoia, 158
PCP, 166
peptídeos, 91
pílula, 107
plasticidade, 39
  plasticidade neural, 191
polimorfismos, 185

ponto de ajuste, 23, 36, 70
processo oponente, 42, 105, 129
processos neurais, 43–44
  processo a, 43, 94
  processo b, 43, 71, 95, 112, 127, 189
psicodélicos, 145, 170
psicofarmacologia, 30
psicologia social, 216
psicose maníaco-depressiva, 107
psilocibina, 145

### R

recaída, 26, 47, 74
receptor, 54
  receptores opioides, 91
  receptor primário, 56
recuperação, 46, 82
rede neural, 20
reforço, 85–86
  negativo, 85
  positivo, 85
regulação, 59–60
  negativa, 59, 114, 127–128
  positiva, 128
relaxamento, 92, 167
remédios, 155
ruído de fundo, 22

### S

salvinorina A, 145, 170
sedação, 90, 105
sedativos, 106
sedativos hipnóticos, 68
sensibilização, 119

serotonina, 31, 91, 122, 145, 185
sinal de segurança, 72
sinal neural, 22
sinapses, 90, 92
síndrome amotivacional, 60
sistemas
  canabinoide, 57
  cardiovascular, 119
  endocanabinoide, 55
  homeostático, 70
  imunológico do cérebro, 73
  límbico, 25–30
  nervoso, 36, 81, 119, 205
    central, 20, 39, 69
  opioide, 55, 78
sono, 68
  terapia do sono, 108
soro da verdade, 110
suboxona, 79
substâncias
  controladas, 163
  químicas, 75
  viciantes, 29

## T

tabaco, 99, 103, 123
tabagismo, 103
taquifilaxia, 40
tendência ao equilíbrio, 36
tensão, 44
teoria do processo oponente, 36
tolerância, 32, 45, 71, 81, 104, 119, 175, 183
  tolerância aguda, 40
toxicidade, 125

toxicologia, 146
tranquilizantes, 107
transmissor endógeno, 54
transtornos
  de ansiedade, 113
  de deficit de atenção, 118, 127

## U

usuário, 42

## V

Valium, 103
variação cultural, 97
vias neurais, 118
  via mesolímbica, 26–30
  via nigroestriatal, 28–30
vício, 24, 36, 74, 183, 204, 219

## Projetos corporativos e edições personalizadas
dentro da sua estratégia de negócio. Já pensou nisso?

**Coordenação de Eventos**
Viviane Paiva
viviane@altabooks.com.br

**Assistente Comercial**
Fillipe Amorim
vendas.corporativas@altabooks.com.br

A Alta Books tem criado experiências incríveis no meio corporativo. Com a crescente implementação da educação corporativa nas empresas, o livro entra como uma importante fonte de conhecimento. Com atendimento personalizado, conseguimos identificar as principais necessidades, e criar uma seleção de livros que podem ser utilizados de diversas maneiras, como por exemplo, para fortalecer relacionamento com suas equipes/ seus clientes. Você já utilizou o livro para alguma ação estratégica na sua empresa?

Entre em contato com nosso time para entender melhor as possibilidades de personalização e incentivo ao desenvolvimento pessoal e profissional.

## PUBLIQUE SEU LIVRO

Publique seu livro com a Alta Books.
Para mais informações envie um e-mail para: autoria@altabooks.com.br

## CONHEÇA OUTROS LIVROS DA **ALTA BOOKS**

Todas as imagens são meramente ilustrativas.

 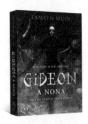

 /altabooks  /alta-books  /altabooks  /altabooks

Este livro foi impresso nas oficinas gráficas da Editora Vozes Ltda.,
Rua Frei Luís, 100 – Petrópolis, RJ.